新版

シャトー
ラグランジュ
物語

テロワールが
んだ40年

語」制作プロジェクト

CHÂTEAU LAGRANGE

GRAND CRU CLASSÉ EN 1855
SAINT-JULIEN

新潮社図書編集室

目次

熟練のスタッフによる樽熟庫での作業風景。

シャトー ラグランジュ城館の中庭で開催された感謝の会。

序章

迎えたこの日

買収から四〇年
感謝の会

二〇二三年六月二三日、現地の関係者を招き、「感謝の会」が開かれた。
地元の人々の理解があったからこそ、迎えたこの日だった。
シャトー ラグランジュはいま、新たな飛躍のステージに立とうとしている。

二〇二三年、サントリーがフランス南西部のボルドー、メドック地区のグランクリュ第三級シャトーラグランジュの経営権を取得してから四〇年の節目のときを迎えた。いまから四〇年前と言えば、ボルドーのグランクリュ・シャトーをアジア人が所有することなど想像もされなかった時代である。当時の記録には、困難を極めた二年間に及ぶ買収交渉の末、ようやく契約締結に至ったと記されている。なお経営権の取得にあたっては、「ボルドーでシャトーを経営する以上は地元に貢献し、必要な投資を行って地元の人たちの雇用を守る」ことを、サントリーは文書で約束していた。その約束を守り、荒廃したシャトーを立て直して、ワインの品質を高めることだけに邁進し続けた日々。当初は大きかった地元からの反発もいつしか温かな連帯へと変わり、四〇年の歳月を経て、サントリーはラグランジュのオーナーとしてすっかり地元に受け入れられていた。四〇〇年以上の歴史を持つシャトーで、同社が経営に携わったのは直近のわずか四〇年に過ぎない。だがこの間に長く荒廃の憂き目に遭ったラグランジュは見事に復活し、着実に進化を遂げた。そして、そのすべてが地元の支えなくしては成し得ないことだった。仲間として受け入れ、近くで支え続けてくれた人々への謝意を伝えるため、サントリーは心づくしの「感謝の会」を催すことを決めた。会を主催するのはサントリーホールディングス副社長の鳥井信宏である。四〇年前に契約締結を指揮した当時の社長、佐治敬三の想いを継承し、オーナー自ら地元の関係者たちをもてなすため、鳥井はボルドーへと向かった。

その日は、初夏の眩《まばゆ》い陽光がラグランジュに降り

現地の人々に感謝を述べる鳥井信宏。

注いでいた。雲ひとつない真っ青な空が、壮麗なシャトーの美しさをいっそう輝かせている。

正午過ぎになると、招待客が少しずつ姿を見せ始めた。この日のためにボルドーにやってきた鳥井はシャトー ラグランジュ現社長のマティウ・ボルドと並んで、招待客を笑顔で迎え入れる。シャトー ラグランジュが位置するサンジュリアン村を中心とした近隣シャトーのオーナーや幹部、ボルドー・ワイン業界の専門組織や研究機関、クルチエ（生産者とワイン商の仲介者）やネゴシアン（ワイン商）、かつてラグランジュを支えた旧幹部まで、当日は総勢一〇〇人ほどが招かれた。

シャトーの城館に面した中庭に会場が設けられ、青空に映える真っ白なテントの下に、招待客が集った。会の冒頭に、鳥井が歓迎の挨拶をする。鳥井は四〇年に及ぶ地元の支えに対する感謝の想い、そして今後もボルドー・ワイン業界とラグランジュの発展のため、共に歩んでいくとの決意を熱く語った。「皆さんの支えが無ければ、我々は到底ここまで来られなかった。本当にありがとうございます」鳥井は幾度となく感謝を述べ、招待客からは温かい拍手が沸き起こった。

マティウ・ボルドは生粋のボルドーっ子で、四〇年前のサントリーによる買収劇を子ども心に鮮明に覚えている。そのときにはまさか日本から来たサントリーが数十年後もこの地にとどまるとは想像すらできなかったと言う。その心境は招待客の多くにとっても同じであった。大方の予想に反して、サントリーは四〇年間変わらずラグランジュのオーナーであり続け、この日はと言えば、地元の人々に謝意を伝えるためだけにサントリーのオーナーがはるばる日本からやってきたのである。

冒頭の挨拶が終わると、鳥井の周りには瞬く間に人の輪ができた。長く続いたコロナ禍もあり、ラグランジュがオーナー主催のイベントを開くのは久しぶりのことだった。そのため鳥井と顔を合わせるのはこの日が初めてという招待客も多く、日本からやってきたオーナーといち早く言葉を交わしたい彼らが我先にと駆け付けたのだ。フランス人の間にあってもひと際目を引く長身の鳥井が、招待客一人一人と目を合わせながら丁寧に挨拶を交わしていく。

ボルドーの騎士団コマンダリー・ド・ボンタンのトップでありシャトーディッサンの共同オーナーのエマニュエル・クリュズ氏、ボルドー大学教授でＩＳＶＶ（ぶどう・ワイン科学研究所）所長のフィリップ・ダリエ氏を始め、錚々《そうそう》たるゲストがいち早く鳥井のもとにやってきて、心からの祝辞を贈った。サンジュリアン村の重鎮であり、格付け二級のシャトーデュクリュ・ボーカイユのオーナーであるブルーノ・ユージーン・ボリー氏は、思い出話と共に復活を遂げたラグランジュへ惜しみない賛辞を贈り、次回はぜひ自分のシャトーで共に食事をしようと熱心に鳥井を誘った。その後も

鳥井への食事の誘いは引きも切らない。招待客たちとの和やかで親密なやり取りの様子は、ラグランジュとサントリーが四〇年の長い道程を経て、地元の人々に真に受け入れられた証であった。

この日に供されたワインは、ラグランジュとサントリーのこれまでの歩みと成長を招待客に感じてもらいたいとの想いで選ばれた。なかでも主役級のシャトー ラグランジュ一九八九年、シャトー ラグランジュ二〇〇五年、シャトー ラグランジュ二〇〇九年は、すべて六リットルのインペリアルボトルで用意され、会にいっそうの華やぎを添えた。シャトー ラグランジュ二〇〇五年と二〇〇九年は共に二〇〇〇年代を代表するグレートヴィンテージであり、十分な熟成を経ていま飲むには非常に良い状態だった。さらにシャトー ラグランジュ一九八九年はサントリーがラグランジュを買収した後に迎えた、八〇年代を代表するグレートヴィンテージである。食後酒にはシングルモルトウイスキー山崎一八年やクルボアジェなどの貴重な高級酒も振る舞われた。いずれもサントリーがものづくりに賭ける本気度が伝わる品々である。

シャトー ラグランジュ現副社長の桜井楽生は当日の様子をこう語る。

「ワインについては誰もが、どのヴィンテージも素晴らしいと言ってくれましたが、そのなかでもシャトー ラグランジュ一九八九年ヴィンテージには特別な感慨があります。当時はまだ新植したぶどうの木も育っておらず、サントリーによる設備改修の投資も道半ばでした。出来ることが限られているなかで、当時のラグランジュチームは最善を尽くしたのです。この日お出しした一九八九年ヴィンテージは本当に素晴らしく、地元の関係者の皆さんもまるでタイムカプセルを開いたかのように当時のことを思い出しながら、その味わいを称えてくれました。この日のワインを通じて、ラグランジュの四〇年の成長の過程を皆さんに感じていただけたと思います」

招待客はその日の宴を大いに楽しみ、会は予定時間を大幅に延長してお開きとなった。ラグランジュはこれからもその進化の歩みを止めることはない。それを誰もが確信した、晴れやかな一日となった。

長い歴史を持ちながら荒廃の憂き目を見ていたシャトー ラグランジュ。
グランクリュ第三級ながら世間では
五級程度の扱いしか受けないまでに堕ちていた。
シャトーを修復してさまざまな機能も立て直し、
三級の名に恥じないワインに復活する。
日本の酒類メーカーとして初めての挑戦が始まった。

第1章 サントリーとグランクリュの出会い

買収のきっかけ

一八九九年創業のサントリーが新たなる事業展開を期して、海外戦略に舵を切ったのは一九八〇年のことだった。

その年は、日本の自動車生産が史上初めてアメリカを抜いて世界一になるなど、日本経済にとっても記憶に残るものとなった。また当時、日本の家電製品の輸出も伸びており、以後、日本はアメリカだけでなく、欧州諸国との貿易摩擦を経験することになる。

なり振り構わず、とも映った当時の日本のビジネススタイルは、欧米から必ずしも好感を持たれていたわけではなかった。そんな折、サントリーにフランスが誇るボルドーのグランクリュ・シャトーの買収話が舞い込んだ。

サントリーはその頃、ウイスキーメーカーから総合酒類飲料企業へと大きく変わり始めようとしていた。トップの佐治敬三が将来を見越して、ウイスキーにほぼ全体重を乗せていた状態から、他のアルコール飲料やソフトドリンクにも進出することを決めたのだ。

そんな状況下にあった一九七九年、ロンドン支店の次長になった小林建夫は、欧州市場へ参入するには、リキュールが近道だと考えていた。

実は、イギリスの有力スコッチウイスキー・ブランドの買収が理想だったのだが、当時の関税をめぐる政治的背景や、欧州の日本企業へのネガティブな姿勢を考えると、得策ではなかった。一方、ブランドの地域性があまり高くないリキュール分野は、規模もそれほど大きくなく、投資対象としてリスクが小さいという魅力があった。

海外への投資の早急な実現が自分のロンドンでの役割だと考えていた小林は、サントリーの「やってみなはれ」精神を信じて、ほぼ独断でリキュール・ブランドへのアプローチを進めたのだった。

想定外のチャンス

一九八一年一二月三〇日、大みそかの前日の夕方。ピカデリー・サーカスに近いビルの一室にあったサ

ントリーのロンドン支店に、投資銀行モルガン・グランフェルの人間が訪れた。そして、

「コバヤシさん、ボルドーのグランクリュ・シャトーを買いませんか」

彼は単刀直入に、そう切り出した。

「シャトー ラグランジュはグランクリュの三級で、現在はスペイン人が持っています。しかし畑も屋敷も荒れ果てていて、維持することができないと言っている。買うならいまです」

小林はリキュールの案件ではないことに落胆した。しかし、ボルドーのグランクリュと言われて興味が湧き、話だけでも聞いてみようと思った。

「コバヤシさん、グランクリュのシャトーは六一しかありません。将来、数が増える恐れもない。いいですか、グランクリュのオーナーになる機会というのはめったにないんです」

モルガンの担当者は「いまがチャンスだ」「見に行くだけでもいい」と急き立てる。小林は迷ったが、「とにかく自分の眼で見てから判断すればいい」と考えた。

メドックへ

ボルドーのなかでもメドックは特別の場所である。ワインの産地として名高いメドック地区はボルドー市の郊外、ジロンド川に面する左岸の一帯をいう。

小林は上司であるロンドン支店長の森岡禮二に話し、同行を依頼した。森岡は「面白いやないか」と喜んでついてきた。

ふたりはボルドーへ飛び、空港で投資銀行のパリ事務所の担当者と合流し、彼の案内で生まれて初めてボルドー・メドック地区のサンジュリアン村に足を踏み入れた。小林は、「サンジュリアンはいいところだった。だが、ラグランジュはまるで廃墟だった」と、そう回想する。

「相当、荒れているなと感じました。建物の一部にオーナーが暮らしていましたが、塔の上部などは汚れ放題のようでした。出稼ぎに来るぶどう畑の労務者宿舎もひどい。ぶどう畑は列が乱れていて、手入れがされていない様子だったし、醸造所の機械も古びていたから、設備投資にお金をかけていないこと

は一目瞭然でした」

ラグランジュの第一印象は決して上々とは言えなかった。しかし、いくつか心に残ることもあった。

「庭に池があり、そこに太鼓橋がかかっていた。そして、竹林もありました。そのふたつを見て、アジアと縁のあるシャトーなのではないか、と感じたのです」

現地を見た小林は森岡と相談して、「交渉を進めてみよう」と決心する。それまで二年近く続けていたリキュール・ブランドへのアプローチも、決定打と言える手応えがなく、これ以上時間を無駄にできないとも考えていた。

そして、それまで本社宛に送ってきた提案書に、「グランクリュとは何か」という一項目を、あえて加えた。グランクリュという名称を聞いたことのある人間も、本社に何人かはいる。だが、その価値についてひとことで語れる人間はおそらくいない。

ロンドンのPR会社「チャールズ・パーカー」に調査を頼み、受け取った報告書にはこうあった。

「ボルドーにおけるグランクリュの価値は、ミシュランの三つ星レストランやファイブスター(五つ星)のホテルに負けないソーシャル・プレステージを持っていること」

たとえば、ミシュランの三つ星を取るには優秀な調理人を連れてくればいいだろう。ファイブスターのホテルも莫大な金があれば買収できるし、新設することも不可能ではない。いずれも、お金さえあれば手に入るものだ。だが、グランクリュ・シャトーはそうはいかない。ナポレオン三世が一八五五年に作った格付けがいまだに通用していて、どれほど大金を持っていても、運がなければグランクリュのオーナーにはなれないのだ。

小林は「グランクリュのソーシャル・プレステージの高さ」を大いに膨らませた提案書を送った。すると、本社からは素早く「OK」の返事がきた。一九八二年一月中旬の話である。

ディナーという面接試験

一九八二年の一月から秋までの間、小林は投資銀行の担当者、フランス人女性通訳と三人で毎週、ボルドーへ出張することになった。

売買に関する交渉は難航した。スペイン人オーナーのセンドーヤは少しでも高く売りたい。一方、サントリーとしてはできる限り安く買いたい。

投資銀行の担当者は「ぶどう畑の価値を客観的に鑑定してもらおう」と提案し、ある男に依頼した。それが、ミシェル・ドロン。当時、六〇歳を過ぎた地元の名士である。

ドロンはグランクリュ二級のシャトー レオヴィル・ラス・カーズ、同じくメドックのシャトー ポタンサックというふたつの有名なシャトーのオーナーだった。彼が持つシャトーのなかでも、レオヴィル・ラス・カーズは「スーパーセカンド（二級）」と呼ばれるワインで、一級にも比すべき品質を持つと言われる。ドロンはそのスーパーセカンドの価値と評価を作り上げたワンマンオーナーだった。

ドロンはぶどう畑の売買がある場合、依頼されると評価値の鑑定もやっていた。畑の売り買いで当事

荒れていた庭園もすっかり整えられ、訪れる人の目を楽しませる。

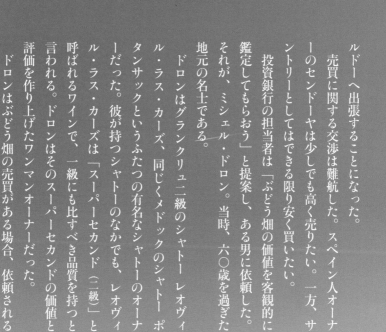

者同士の交渉がもつれると、彼が乗り出してくる。そうすると、「ムッシュ・ドロンが言うなら仕方がない」と売買に関わる者たちは納得する。大専門家の彼が下した判断に、文句をつけるような度胸のある人間はいなかった。

しかし、事はそう簡単には進まなかった。

「センドーヤとの交渉が妥結しそうになった頃から、地元の人たちに、やたらと一緒に飯を食おうと誘われるようになったのです」

小林たちに声をかけてきたのはサンジュリアン村の村長、近所のグランクリュ・シャトーのオーナーといった地元の名士たちだった。会食が始まると、地元の人々はさまざまな質問を投げかけてきた。

それらの質問は、たとえばこんな内容だった。

「サントリーが売っている日本産ワインのボトルの形はボルドータイプだ。ボルドーの瓶を真似たのか？」

それはサントリーに限ったことではなく、ワイン後進国であれば、生産者の多くはボルドータイプかブルゴーニュタイプ、どちらかの瓶の形を採用していた。小林はやや戸惑ったが、態勢を立て直してこう答えた。

「日本人は世界のワインのなかで、ボルドーのワインがいちばん質が高いと昔から知っています。だから、うちの会社はワインをつくったときからボルドーの瓶の形を採用しています。瓶の形には特許があるわけではありません。世界で最も質の高いワインの瓶の形にならっただけです」

ボルドーの人たちにとって、日本は遠い東の果ての国。未知の国のビジネスマンがやってきて、自分たちの土地のシャトーを買おうとしている。いったい何を考えているのかを質さずにはいられなかったのだろう。

しかし不思議なことに小林が会食した名士たちの第一声は必ず、「お前たちはボルドーの瓶を真似したのか」だった。それほど彼らは自分たちのワインに誇りを持ち、また真似されることに対して神経質でもあった。小林がやらなくてはならないのは、彼らの懐疑心を取り除くことだった。

結局はいつも、「要するに私たちはフランス、そしてボルドーを大尊敬しているんだ」という言葉でしめくくるしかなかった。すると、「ボルドレ（ボルドー人）」はやっと、まんざらでもないといった顔で帰っていく。毎日が面接試験のようだった。

「どれもが思いもよらぬ質問だったけれど、僕が決めていたのは、とにかく即答すること。あんな場所で、『ちょっと本社に電話して聞いてみます』と答えたら、相手はみんなシャトーのオーナーだから、『ああ、こいつは使い走りだ。以後、こいつと話すのはやめよう』となってしまう。答えてもかまわない質問と判断したら、堂々と答えるのがボルドーにおけるビジネス作法だと思いました」

質問攻めに交じって、嬉しい激励を受けたこともある。ある昼食の席では村長が、一九三〇年頃のセンドーヤ家オーナー以前のシャトー　ラグランジュを持参して振る舞ってくれた。そのワインはとても良質で、センドーヤ家がつくったワインとの歴然とした差に、小林は驚いた。

「ラグランジュは三級だが、管理次第では二級に近いレベルのワインもつくり出せる。そのポテンシャルを引き出す努力をセンドーヤ家が怠ったのは、サンジュリアン村にとっても長く残念なことだった。サントリーがきちんと管理さえすれば、ラグランジュは素晴らしい潜在能力を発揮するだろう」

村長は、小林たちにそう話してくれた。

フランス政府の介入

スペイン人オーナーとの交渉、地元名士による面接試験は八カ月間も続いた。そうして、メドックに秋風が吹いた頃、サントリーはオーナーと買収金額で折り合い、地元の合意も取りつけることができた。

通常は、それでビジネスは決着する。ところが、日本企業が初めてメドックのグランクリュ・シャトーを国土の一部である畑と共に買収する案件に、フランス政府からの認可は容易に下りなかった。

小林は政府の役人が相手であれば「英語しか知らない自分では無理」と考え、パリ大学への留学経験を持ち、フランス語を母国語のように話す永田靖一に声をかけた。ちょうどその頃、ブランデービジネスのために永田はパリへ派遣され、パリ事務所を設立したところだった。そして、交渉能力のある永田がラグランジュのプロジェクトに投入されることになった。

「ラグランジュの買収だけがパリ事務所の仕事ではありません。しかし、赴任して一年半から二年はこの買収案件にかかりきりでした。赴任した翌日、顧問弁護士から、ラグランジュの件で財務省へ行くので一緒に来てほしいと言われて、ついていきました」

出てくるのは財務省の役人だけだと思っていたら、フランス農業省、対外貿易省という役所の人間も席についていた。三省の役人が作る外資審議委員会がグランクリュ・シャトーの買収について、認可するべきかどうかを論議して決定すると、その場で初めて聞かされた。

三省の役人と渡り合い、なんとしてでも認可を取らなければならない。もしも認可が取れなければ、スペイン人オーナーとの合意は水の泡だ。

「僕が会った役人たちはいずれも国立の名門グランゼコール（高等教育機関）を卒業した俊英ばかりです。そんな非常に優秀な人たちとの交渉は、高度な戦略性を伴うハイレベルなものでした。先方にとっては国益を守るための交渉ですから、彼らは皆、真剣そのものでした」

外資審議委員会の役人たちが質問してくるのは、「サントリーはなぜボルドーのグランクリュを買いたいのか」に始まり、微に入り細を穿《うが》つことも多く、パリ大学への留学経験を持つ永田でも攻撃をかわすだけで精いっぱいだった。

この直接交渉は一度では終わらなかった。一カ月、二カ月、三カ月経っても、収束の気配が感じられない。

契約の当事者同士では話のついている売買契約にフランス政府が介入してきたということは、政府は短期間で認可を与えようとは思っていないのではないか。再三にわたる細かな質問のなかに、彼らの底意が隠されているように感じた。

このままでは、いつになるかわからない。では、どうすればいいのか。永田はフランス政府の役人の気持ちになって、交渉を有利に導くためには何をすればいいのか、自分なりに考えをまとめてみた。

「結局、彼らが口をはさんできた背景には日本からの輸出が雪崩のように増えていた、貿易摩擦があったのです。その頃、日本の家電製品は欧州市場を席巻していました。フランスにとってみれば自国の家電産業がつぶれてしまうという危機感があったのでしょう。彼らは優秀な官僚だから、日仏間の貿易アンバランスをなんとか解決したかった。要するに、日本へ輸出するものを増やしたかった。しかし、なかなか日本側が買ってくれるものはない。その状態でさらに、フランスの象徴とも言えるグランクリュのシャトーを買いたいという会社が現れた。だから彼らは、戸惑ったのです」

　この局面を打開する突破口となったのが、輸入計画表の提出だった。ある日の打ち合わせで、対外貿

ボルドー市街地にて。

易省の役人がふと呟いた言葉を、永田は聞き逃さなかった。

「サントリーにはもっとフランスの農業製品をたくさん買ってもらいたい。そうすればグランクリュの買収認可も下りるのではないだろうか」

フランスには日本製のテレビやビデオデッキが山のように入ってくるのだから、その代わりにサントリーは日本を代表して農産物をたくさん買えという話だった。フランスの役人はやっと自分たちの考えをつぶやきにして、永田にサインを送ってきた。永田はすかさず提案した。

「ではうちの会社で、農産物の輸入計画を考えてみます」

そうして、本社の調達部門にいる人間とやり取りをし、苦労して農産物の輸入計画書を作り上げたのである。

「サントリーはフランスからワイン、それからコニャック、アルマニャックも買っていました。ペリエも一手に輸入していました。なかでも当時、金額的に最も大きかったのはビール原料のモルトです。モルトは北米、イギリス、ベルギー、オーストラリア、そしてフランスと、世界中から買っていました。それらを改めて調べ直し、フランスのモルト輸入を増やす計画を作りました」

計画表ができると現地の応援を取りつけるため、永田、小林、森岡の三人は輸入取引先を回った。永田の運転する冷房のないレンタカーは、真夏のフランスをほぼ半周する距離を走った。

相手の裏をかいて攻める作戦も立てた。ひとつは地元から「サントリーに買収してもらいたい」と声を上げてもらうことだった。もうひとつは当時、副社長だった元大蔵省関税局長の吉田富士雄に頼み、フランス財務省に働きかけてもらうことである。

さらには、シャトー　レオヴィル・ラス・カーズのオーナーだったドロンが地元の声をまとめてくれたことも大きかった。

「ドロンさんが協力してくれたのは、僕らがボルドーでシャトーの経営をする以上は地元に貢献するし、必要な投資もきちんとする、地元の人たちの雇用も守ると断言して、それを文書にしたからです。輸入計画書、吉田副社長の尽力、地元の声、その三つが揃って、ようやく目星がつきました」

ボルドーの一流シャトーのオーナーには政治力がある。いくら政府が「ノン」と言っても、地元の人間が「来てほしい」と声を上げれば、政府も動かざるを得ない。それほど地元のシャトーのオーナーや地区住民の力は大きかった。

一九八三年一一月二九日。永田がフランスに来てからいつの間にか八カ月が経っていた。その日の夕方になって、フランス財務省の役人から突然、電話がかかってきた。

「シャトー ラグランジュ買収の認可証を渡す。すぐにオフィスまで取りに来てくれ」

永田は直ちに顧問弁護士に連絡し、ふたりで財務省へ飛んで行った。認可の取得に夢中になって取り組んではいたが、それは仕事の終わりではなく、始まりである。シャトーは買えばいいのではなく、そこからワインをつくらなければならない。

「鈴田さんは大変だな」

そう思った。

ボルドーで学んだ鈴田健二

永田が案じた相手はサントリーの人間として、シャトー ラグランジュの復興になくてはならない重責を担うことになる人物だ。

鈴田健二は一九四四年、東京生まれ。東京大学在学中はラグビー部でスタンドオフとしてプレーした。同大学農学部農芸化学科を卒業したのは一九六八年。日本のGNP（国民総生産）が世界第二位になった年である。

鈴田は研究職としてサントリーに入社した。当時のサントリーはウイスキーが売れて売れて仕方のなかった時代である。ただし売れ筋はサントリーレッドやトリスだった。「ダルマ」も好調ではあったが、それらよりはワンランク上のウイスキーだった。

鈴田が入社する前年、サントリーは熱処理をしていない生ビール「純生」を発売。社長だった佐治敬三は、「これからはビールを大いに売らなきゃならん」と次の年、体力のありそうな若者を大量に採用した。

そんな年に入社した鈴田の勤務先は、大阪の研究所だった。新入社員は給料日になると懐に現金を入れて、サントリーのウイスキーは置いてあるが、ビールは扱っていないバーへと向かう。まずオールドのボトルを頼み、さんざん飲んだ後に、「サントリービールをください」と注文する。バーテンダーが「ありません」と言ったら、店の外に用意しておいたサントリービールを一ケース運びいれる。そして「これを飲んでみてください」と交渉するのだ。

高度経済成長期、営業部門だけでなく社員であれば誰もが一丸となってセールスをしていた時代だった。鈴田もまた同じようにビールを売ろうと努力した。

そんな鈴田に研究所で与えられたのは、ブランデーの品質向上という課題だった。彼のメモには、新入社員時代の仕事の様子が書いてある。

「一年目は蒸溜酒製造の実際を学ぶために、蒸溜実験が多くあった。ウイスキー、ブランデーの蒸溜は一昼夜続けて行うためずっと立ち会わねばならず、最低月二回は徹夜作業があった」

そして入社してから五年目、鈴田は会社に選ばれて、コニャックの醸造試験場へと留学、派遣されることになった。二〇年にわたる長いフランス生活の最初の一歩である。

鈴田が出発したのは一九七三年一月だった。着いてみたらコニャックは本当に田舎で、借りた家は人里離れた場所にあり、しかも廃屋のようだった。そのうえ鈴田は、それほどフランス語が堪能なわけでもなかった。

コニャック醸造試験場では二年間、実習をしながら知識を蓄える予定になっていた。しかし実際に醸造試験場に行くと、「三カ月しか認めない」と言ってきた。驚いた鈴田は交渉し、なんとか期限を六カ月に延長してもらった。

鈴田はせっかくフランスにいるのだから、ワインの本場ボルドー大学や醸造試験場で勉強をして、ドクトラー（博士号）を取れればと考え、残りの任期をボルドーで過ごすことに決めて、会社へと報告した。

ボルドー大学のワイン醸造学研究所が、外国人である鈴田を研修生として一定の期間、受け入れてくれることになった。

ボルドーはコニャックの南にあり、車で一時間足らずの距離だ。当時の人口一万数千人のコニャックに比べ、ボルドー圏内には七〇万人が暮らす。

その時点では会社も鈴田自身も、ボルドーで学んだことが後のシャトー ラグランジュの買収に役立つとは想像もしていなかっただろう。コニャックの品質向上のプラスになり、サントリーが国内に数カ所持っているワイナリーの生産に役立つ知識を得られれば十分だったのだ。

ボルドー大学には二年間通った。指導教授は「ワイン畑の父」と呼ばれた権威、ペイノー教授の片腕マダム・ラフォンだった。

シャトー ラグランジュの復活に大きく貢献した鈴田健二。

シャトーの尖塔。建物の外観はそのままにして修復された。

鈴田はワイン醸造学研究所のマダム・ラフォンが主宰する微生物研究室で、ワインの醸造工程を学んだ。ぶどうの栽培方法、ワインの利き酒、ボルドー独特の「アッサンブラージュ」という複数の種類のワインを混合して、さらにおいしいワインをつくる方法などを勉強した。

そうして彼は醸造学科で、日本人で初めて博士号を取得する。その後も日本から同大学へは何人もの留学生が勉強に行ったが、日本人の第一号は彼である。

ボルドー大学の醸造学科で学んだ人間は地元のシャトーに勤めたり、ワインの振興機関に入ったり、ワイン・ジャーナリストになったりと、そのほとんどがワイン関連の仕事に就く。

それでも、六一しかないグランクリュのシャトーにいきなり入れる人間というのは稀だろう。鈴田は後に、そのなかでもさらに稀有なグランクリュの経営幹部という重大な責任を負う立場になる。

本当の始まり

買収認可が下りた翌年、鈴田はボルドーに赴任した。その経緯について、鈴田は次のように書き残している。

「当時、私は本社にあったブランデー研究室に所属していて、メキシコ市場に向けてのブランデー開発を担当していた。それで、メキシコシティに出張していたところ、日本に戻らずにそのままボルドーへ行くようにという指示があった」

それが一九八三年の八月だった。そのときは二〜

三日滞在しただけで、日本へと戻ってきた。フランスへの出向命令が出たのは同じ年の一二月である。

「私がボルドーに着いたときは、買収認可はほぼ決まっていて、シャトー運営についての話し合いが始まっていた。大本の方針はふたつあった。ワインづくりはぶどう栽培から始まること。つまり、農業であることを再確認する。また、一九七四年にシャトー カイヤベの買収に失敗したのは地元の反対が原因だったことを踏まえ、地元メドックの伝統と慣習を尊重するシャトー経営をすることだった」

年が明けて一九八四年一月五日、サントリーとシャトー ラグランジュのオーナー、センドーヤ一族との間で売買契約の調印式が行われた。場所はシャトー ラグランジュのなかの食堂である。

サントリーからは佐治の名代として副社長の鳥井信一郎が書類にサインをした。次にセンドーヤがさっと万年筆を走らせ、調印式はあっけなく終わった。

鈴田、永田、小林の三人は調印式を見守っていたが、まったく心弾むといった気分ではなかった。買収した後は、グランクリュの名にふさわしいワインをつくらなくてはならない。責任は、駐在する鈴田の双肩にかかっていると言っていい。

しかもここまで苦労して契約したのだから、「いいワインができませんでした」と簡単に撤退するわけにはいかない。

鈴田が感じていたのは大きな責任だった。地元の伝統、慣習を守り、地元の一員としてワインをつくっていくこと。それは五年、一〇年でできる仕事ではない。確かにその分、やりがいは大きい。

しかし、周りはボルドーで生まれてワインを飲んで育ったような専門家ばかりである。オーナー会社から派遣されてきたとはいえ、鈴田の意見がすぐに通るわけはないだろう。ワインづくりを教える立場ではなく、むしろ教わる立場なのだ。

鈴田がボルドー着任直後に認識した通り、ワインづくりは農業である。一朝一夕に結果が出るわけではなく、成功するまでには長い時間がかかる。フランス人と信頼関係を築き、助け合い、グランクリュの名に恥じないワインづくりをする。鈴田の胸には、期待よりも不安の嵐が吹き荒れていた。

シャトー ラグランジュの復興は前途多難な道のりで、
ぶどう畑も設備も大きな改革が必要だった。
誇り高いボルドーに入ってはボルドーに従い、そのうえで、
日本流の実直さと熱意を注ぎ続けた。
目標はただひとつ
「いいワインをつくる」ことだった。

第2章
蘇ったシャトーとグランヴァンの誇り

組織づくり

シャトー買収の調印式のため、サントリーを代表してフランスを訪れた副社長の鳥井信一郎は、「これからうちの経営になるのだから、調印の日に従業員に記念品でも渡したらどうか」と、鈴田に相談していた。日本の企業であればよくある習慣だが、念のため鈴田は、地元の意見を取りまとめてくれたミシェル・ドロンにおうかがいを立てた。するとドロンは、「そんな必要はない」とあっさり、首を振った。フランスではそんな習慣はないという。

そのため調印式は簡素に行われ、パーティもやらなかった。従業員もオーナーが変わったからといって、特別にセレモニーを期待する様子もなかった。

ラグランジュを運営するにあたり、新しく所有者になったサントリーが急いで決断しなければならなかったのは、誰が代表者を務めるかである。

「日本人が前面に出るのは得策ではない」というのは鈴田、永田、小林とも意見は一致していた。ボルドーの慣習や商習慣を知らないのだから、たとえ代表になっても経営判断はできないと考えたからだ。

そこで代表者についてはとりあえず代行を立て、半年後を目途に正式に決めること、そしてボルドーのワインづくりを学ぶために地元の人間を顧問に迎え入れることにした。

ラグランジュのプロジェクトはこうしてスタートしたが、まず直面したのは経営の立て直しである。これまできちんとした運営が行われてきたシャトーであれば、ワインづくりはそれまでのスタッフに任せて、管理さえしておけばいい。

だが、ラグランジュの場合は老朽化した設備や荒れた土地を全面的に改修しなくてはならない。それが買収の条件でもあった。地元が反対しなかったのはサントリーが畑の手入れをきちんとし、庭も整えて、地元の慣習を守ると誓約したからだった。

鈴田、永田、小林の三人はシャトー ラグランジュの復興計画を練るなかで、それぞれの役割について確認しあった。

現地に駐在してぶどう栽培、ワインづくり、醸造設備改修といった生産面、そしてフランス人スタッフの意向を本社に伝える役割は、ラグランジュ副会長である鈴田が行う。経営管理、ゲストハウス、庭園の改修は永田のいるパリ事務所が担当する。さらに、その年からロンドン支店長となった小林は鈴田、永田の上役として、ふたりをサポートする。買収してから一年ほどの間、永田も小林も毎週のようにメドックに出張した。

その後、ラグランジュの復興計画が紆余曲折を経つつも前へ、前へと進み続けた大きな要素のひとつは、この三人が最初にそれぞれの仕事の割り振りと責任分担を明確に決めたからだろう。この最初の組織づくりが成功に結びついたと言える。ワインビジネスとは、はるか彼方へ向かってボールを投げるような、未来への視点がなければできない仕事である。先例のない、壮大な挑戦が始まった。

おっかない重鎮

鈴田、永田、小林の三人はラグランジュの社長にふさわしい人物は誰かと度々、話し合っていた。するとあるとき、小林が「ドロンさんに頼めばいいのではないか」と言い出した。ドロンは地元の名士であり、シャトー　レオヴィル・ラス・カーズというスーパーセカンドのオーナーでもある。適任かもしれない。

鈴田はドロンについて、次のように記している。

「ドロンさんは当時、六〇歳くらいだった。大変厳しい人で、自らのポリシーをしっかり持ち、自分がこうと思ったことは誰とも妥協せず、ボルドーの業界では畏怖の念を持って見られていた」

小林は、それまでも畑の鑑定を始めとしてさまざまに相談に乗ってもらっていたことから、ドロンが社長になってくれればひと安心だと思ったのである。

「交渉してきてくれ」

そう言われた永田には迷いもあったが、ラグランジュと同じサンジュリアン村にあるシャトー　レオヴィル・ラス・カーズの事務所にドロンを訪ねた。

「買収に際してはいろいろとお力をお借りしました。ありがとうございます」

するとドロンはじっと永田を見つめてその挨拶を聞き流し、「君たち、経営は誰がやるんだ。日本人はどんな人が常駐するのか」と質問してきた。

永田は丁寧に答える。

「うちには鈴田という男がおります。すでにドロンさんも面識があると思いますが、ボルドー大学の醸造学科に留学していた人物で、ドロンさんも懇意のエミール・ペイノー先生のもとで勉強しておりました。社長について実は、私どもで会議を重ねた結果、やはり地元の方になっていただけるといいのでは、と話しておりまして。できましたら、ドロンさんにお願いしたいと思っています」

ドロンはすぐさま首を横に振り、さらに手を振った。

「断る。私はレオヴィル・ラス・カーズの社長だ。ラグランジュの社長にはなれない」

　永田は一度や二度、断られても引き下がらない覚悟だった。そこで思いつく限りの理由をつけて社長就任を依頼したが、やはり引き受けてもらうことはできなかった。「では社長はあきらめますが、私たちはボルドーのグランクリュ・シャトーを経営するノウハウを持っていません。せめて助言する立場になっていただけませんか」と切り出してみた。

　ドロンも、少し言い過ぎたと思ったのか「わかった。コンセイユ（顧問）なら考えよう」と答えた。そして、こうつけ加えた。

「ただし、条件がある。こちらからのアドバイスは一〇〇パーセント聞いてほしい。一〇〇パーセントだ。全部聞くと約束してくれるならやる。しかし、もし私の言っ

ボルドーでも指折りの面積を誇るシャトー ラグランジュのぶどう畑。

たことをひとつでも守らなかったら、その場でやめさせてもらう」

「わかりました」

永田はそう答えるしかなかった。日本人なら、こちらの意見を押し通していけば、気持ちが傾く可能性もあるかもしれない。しかし、フランス人はいったん「ノン」と言ったら、絶対に「ウィ」とはならない。ドロンの言葉には重みがあった。

そうしてラグランジュの顧問に就任したドロンは鈴田、永田、小林にとってはまさしく、おっかない先生そのものだった。

メドックに駐在する鈴田はパリからやってくる永田を伴って週に一度、ドロンを訪ねることになった。するとドロンは容赦せず、フォークやナイフの使い方にいたるまで注文を付けた。

続けて、「君たちが乗っているのは、スズタの車か」と聞いてきた。

「いえ、レンタカーです」と答えると、「そうか、仕事で使う車についても車種を勝手に決めてはいけない」と言った。

「ここはフランスだ。そのなかでも保守的な場所だ。だから君たち日本人がフランス車に乗ってくれたら、フランス人は親しみを持つことができるかもしれない。できればフランスの車を買いなさい。私が勧めるとしたら、ルノーかプジョーだ」

それ以降、鈴田はドロンが顧問をしていた一九八四～九二年の間、週に一度は、彼の事務所を訪れた。ドロンがラグランジュにやってくるのは稀で、出かけていくのはつねに鈴田だった。そして仕事のことから居住地区や家の広さ、セレモニーで着るスーツの色や形まで、ドロンに相談することとなった。

ロンドン支店長になり、時々ラグランジュにやってきた小林もドロンからさまざまなアドバイスを受けた。彼もまた「守らなくてはならない」ボルドーの保守的な慣習を知って驚くことも少なくなかった。こうして鈴田たちはボルドーの流儀を学んでいったのである。

ラグランジュではもうひとり、顧問を依頼した人物がいる。それがエミール・ペイノーだ。醸造学の博士で、鈴田の直接の教師であるマダム・ラフォンの先生にあたる。

一九八四～八九年までラグラン

ジュの顧問を務めたペイノー博士はボルドー・ワインの名声を高めた人間として広く知られる。優しい人柄の人格者であり、ドロンと同じくぶどう畑に関して深く精通していた。

ボルドー大学の教授ではあったが、教室で理論を教えるより実際にシャトーへ出かけ、ワインの質の向上に取り組むことに情熱を傾けていた。

当時、七〇歳を超えていたペイノー博士が顧問を務めていたシャトーにはグランクリュ一級のシャトー ラフィット・ロートシルトやシャトー マルゴー、そしてドロンが所有するスーパーセカンドのシャトー レオヴィル・ラス・カーズなどがあった。いずれも、世界に名だたる超一級品のワインである。鈴田たちは、ドロンとペイノー博士というふたりを顧問にしておけば、バックアップ体制は万全と考えた。

社長、マルセル・デュカス

仕事が滑り出して間もなくのこと、ドロンに報告に行った鈴田と永田は、「マルゴー村のビストロで、マルセル・デュカスという男と会ってほしい」と言われた。

突然のことに驚いていると、続けてこう語った。

「デュカスはペイノー博士の弟子で、いまは役人をしているがエノログ（醸造技術管理士）だ。ラグランジュのマネージャーにふさわしい男だと私は思った。すでに会って話をしているが、一緒に働くのは君たちなので面接をしてほしい。だが、事務所に呼びつけるのは先方のプライドを傷つけるから、昼飯を一緒に。もう予約してある」

すべてドロンが取り仕切り、鈴田と永田はデュカスと食事をすることになった。

当時、デュカスは公的機関でワインづくりの指導をしていた。そこで働くよりも、シャトー ラグランジュに移ったほうが実績になる。デュカスにとっては願ってもない仕事だったが、問題は「日本人が経営するシャトー」という点だった。

しかし、共に働く同僚がボルドー大学醸造学科の同窓生だと聞き、安心した。そして実際に鈴田に会って、この男とならば一緒にやれると判断したようだった。

デュカスは鈴田と初めて会った日のことをいまでも鮮明に覚えている。

「スズタと会った一九八四年当時は、日本についてフランス人は何も知らなかった。もちろん私も日本人と働くのは初めてだったし、日本についての知識は何もなかった。トヨタ、ホンダといった車のことは知っていたが、スシなどで生の魚を食べるなんて、信じられなかった。いまでは、ボルドーでもスシは大人気だけれどね。スズタと会うまで、日本人ビジネスマンはいつも同じような紺のスーツを着た、なんとなくつまらない人たちだと思っていたんだ。スズタもスーツは着ていたけれど、時々、話すユーモアは私たちを微笑させるものだった。とはいえ彼は謙虚で、そういう意味では典型的な日本人かもしれない」

ラグランジュの仕事を始めたとき、メドックの人々は三つの思いを持って鈴田を見ていたとデュカスは話す。

「ひとつは好奇心。日本人はいったい何をやるんだろうかと考えていた。次が嫉妬心。彼らはお金を持っているんだなという気持ち。三番目は懐疑心。日本人は私たちフランス人のことをわかってくれるのだろうか、と疑うような気持ち。ただし、ぶどう栽培やワインの醸造については日本人も変なことはやらないだろうと思っていた。なぜなら世界中どこへ行っても、それほど違うことはできないから。ただ、販売についてはわからなかった。ボルドーにはシャトーがつくったワインを仲介人のクルチエが扱い、さらにワイン商であるネゴシアンに売るというクラシックな商習慣がある。日本人は最初のうちは守るだろうけれど、二年ほどしたら、それをやめてしまうんじゃないかと心配する人は多かった。

でも、結局はいまもクラシックな商習慣は続いている。約束を守るというのも日本人のいいところだ。他国の人間では、うまくはいかなかっただろう。私たちは日本人と仕事をしていい結果を残すこ

左からドロン、鈴田、
デュカス、ペイノーの4人。

とができたのを誇りに思っている。とはいえ、いま振り返れば、ふたりで廃墟のぶどう畑をよくここまで再建できたと思う」

シャトーに常駐し、二人三脚でラグランジュの再生に臨んだふたりの間には、やがて周りから兄弟のようだと言われるほどの強い信頼関係が築かれていった。

こうしてラグランジュの新体制はスタートした。社長および生産責任者はマルセル・デュカス、鈴田は副会長の立場で、デュカスと共に生産から販売までを見る。このふたりが責任者ではあるが、スタート当初、重要な判断を下すのは顧問のミシェル・ドロンであり、シャトーのワインの評価を上げる役割はペイノー博士が担っていた。

再建の日々

鈴田は妻と一緒にボルドー市内にアパートを借り、そこに暮らしながら出勤した。ボルドーには日本人が一〇人ほどいたが、ほとんど顔を合わすことはない。朝から晩まで、フランス語の生活である。

やることは山ほどあった。ぶどう栽培、ワインの醸造、貯蔵、販売、PR。それと並行して敷地内のぶどう畑に新しい苗を植える仕事、老朽化した醸造設備の交換もやらなくてはならない。買収した当時の畑や設備のままでは、ワインの評価は上がらない。評価が上がらなければワインも売れず、利益は出ない。

以前のオーナーは資金がなかったので、五六ヘクタールのぶどう畑しか使用していなかった。そこで、デュカスと鈴田は新たにぶどうの苗木を植えながら、施設の改修を同時に進めていくことにした。

ドロンはすべての面においてアドバイスを欠かさなかったが、彼があまり口を出さなかったのが、シャトーの改修とゲストハウスの新設だった。デザインについても日本側の考えに任せてくれた。

「フランスのシャトーにおける建物、そして庭はイメージアップの重要な要素です」

そう語るのは、ラグランジュの改修を担当した地元ボルドーの建築家ベルナール・マジエールである。ベルナールは父のマルセルと共に、シャトー改修の設計図を引き、庭の工事も監修した。

ベルナールは続ける。

「ボルドーでは、ローマ時代からワインがつくられてきました。ワイン醸造の歴史はとても長いのです。シャトーができたのはルネサンス期以降と言われていますが、一八世紀までのシャトーは倉庫と醸造の樽があるだけの簡素な館でした。でも一九世紀になると、シャトーは大きく変わりました。建物の外観にこだわったり、大きな塔を建てたりするようになった。その頃から建物はワインのイメージを上げるためのひとつの手段として利用され、エチケット（ラベル）にもデザインされるようになりました」

　マジエール家は五代続けてシャトーの設計のみを行う専門家である。マジエール家が設計、もしくは改修したシャトーはじつに一二〇以上にものぼる。五大シャトーのひとつシャトー ムートン・ロートシルト、それから二級のなかでも価値の高いシャトー モンローズ、そしてシャトー ペトリュス。一族はシャトー建築についてのエキスパートだ。

「歴史のあるなしはボルドーのワインにとって重要なことですから、それを壊して、新しいものに置き換えるということはありません。ラグランジュの場合も尖塔、建物の外観を残しつつ、未来的なものをつくるという課題を与えられました」

　シャトーの建物の未来の姿を想像して判断することも求められる。ラグランジュの場合の未来の姿とは、見学者や訪問客にも魅力的な建築物にすることだった。そして、設計の段階で重要な要素になると考えられたのが「トンネル」である。

「ラグランジュの醸造棟と、樽が置かれている樽熟庫は別棟になっています。ふたつの棟の間には狭い地下通路があったのですが、私はそれをより大きくしてトンネルに変えました。なぜ、そうした設計にしたかと言えば、それは見学者が醸造棟から樽熟庫へ期待を膨らませながら歩くことのできる道にしたかったからです。ラグランジュの樽熟庫はメドック

施設の改修を担当した
ベルナール・マジエール。

建築家、マジエール父子の手による自慢の「トンネル」。

のなかでも大きく、魅力的なので、見学者にとって大事な要素になると考えました」

現在、そのトンネルは、ぶどうの栽培や収穫などの写真を飾る展示スペースになっている。そこを抜けると、劇場空間のような樽熟庫へと辿り着く。樽は一直線に美しく並び、樽の中央部分は赤ワインのオリで紫色に塗られている。数百の樽が整然と置かれているさまは倉庫というよりもまるで博物館、美術館のようだ。

さらにシャトーのなかにあるゲストハウスを改修し、テイスティングルームとデュカスが暮らすための社宅、事務所棟などを新設。加えて醸造棟、樽熟庫、瓶熟庫も増築した。

庭園に関してはきちんと整えられた美しい外観の庭を新たに造成し、池を掘り、白鳥を飼うことを決めた。

結局、ラグランジュの改修は相当規模の大工事となり、完工までには六年の歳月がかかった。それほどの時間が必要だったのは、醸造設備を使っている時期は工事ができなかったからだ。また、建物

増築された瓶熟庫。
瓶詰めされたワインが静かに時を重ねる。

はすべてを壊して新築するのでなく、使っていない部屋から順番に改装していったことから、数年という長い年月を費やさざるを得なかった。

その改修や改築にあたり、日本とフランスの間にはさまれて、四苦八苦していたのが鈴田だった。彼を最も間近で見ていたのが社長のデュカスである。彼は「スズタは本当に大変だった」と苦笑した後、こう語った。

「仕事を始めた当初、サントリーはボルドーやメドックという土地、シャトーの経営についてはほとんど何も知らなかった。たとえば、醸造タンクの設計などでもお互いの間にいき違いが出てきた。私たちの言い分をサントリーに伝え、サントリーの主張を私たちに伝える。単純なことかもしれないが、お互いの意見が一八〇度違うと、間に立ったスズタは大変な苦労をする。でも決してスズタは私たちに対して声を荒らげたりはしなかった。むしろ無口になるというか、じっと黙り込んで、話しかけても何も答えなくなってしまう感じだった」

怒濤の日々

サントリーがシャトー　ラグランジュを買収し、鈴田が担当になった経緯を改めて時系列で整理すると、次のようになる。

一九八一年一二月三〇日　買収案件が持ち込まれる。ロンドン支店長の森岡と次長の小林がボルドーの視察へ。その後、前オーナーのセンドーヤ家と買収交渉。

●八三年五月　永田がパリ事務所長としてフランスに来る。

●八三年一一月　フランス政府より買収許可が出て、永田が財務省でサイン。鈴田がメドックのシャトー　ラグランジュに出張。

●八四年一月　シャトー売買契約の調印式。

●同　ドロン、ペイノー博士が顧問になる。建物の改修、畑の新植などが始まる。

●八四年二月　鈴田着任。

●八四年三月　デュカス、社長就任。

その後、日本はバブルになり、不動産会社や酒造会社がボルドーのグランクリュではないシャトーを次々と買収した。だが、鈴田のような苦労を味わった人間はいないだろう。

その多くはボルドーの人々がやっているワインづくりを認めて、そのまま操業を続けさせ、大きな改革をする必要はなかった。同じボルドーのシャトーを買収しても、グランクリュのシャトーか否か、また、きちんと運営されているシャトーか否かでも、経験することはまったく違う。

一九八四年は、鈴田にとっては疾風怒濤の日々だった。建物の改修に加えて、彼がまずやったことは、従業員の新たな採用と管理である。

地元に暮らす現場の従業員は引き続き雇うことにした。また事務系の人間はそれまで雇用されていなかったので、新しく採用することにした。

次に取りかかったのは、畑を広げることだ。以前から植樹されていたぶどうの木を管理しながら、春までに畑を開き、新しいぶどうの苗木を植えなくてはならない。その場合、ワイン用のぶどうには複数の品種があるので、どの土地にどの品種が合うのか、またこれからつくろうと思っているワインはどういったものかを想定することが必要になってくる。

むろん、植えるのは作業員だけれど、初めてのぶどうづくりだから、鈴田はできる限り畑に出て作業員と話をし、土壌やぶどうについて勉強した。

ぶどうの実を収穫すると、醸造工程に入る。ぶどうを搾り、醸造タンクのなかで発酵させ、樽または瓶で熟成させる。そのためにはいくつもの作業があるが、鈴田はデュカス、ペイノー博士やドロンと一緒にすべての工程をチェックした。

そして販売やマーケティング、PRも重要である。グランクリュ・ワインを売るには地元の慣習に従い、クルチエやネゴシアンを尊重しなければならない。日本人でグランクリュの経営幹部となり、クルチエやネゴシアンと商売をするのは鈴田が初めてのケースである。パリで一流と言われるソムリエたちも時間があればボルドーにやってきて畑を歩き、ぶどうの栽培の仕方や土壌をきちんと見る。そして、テイスティングもする。そのうえで、シャトーがどのクルチエと親しいのか、どのネゴシアンに売っているのかを調べる。ボルドー・ワインにとって、この商習慣はとても大きな意味を持っているのだった。

樽を買う

そうやって慌ただしく走り回るなか、最初に問題となったのはワインを熟成させる樽を至急、調達しなくてはならないことだった。シャトーで熟成のために使う「ボルドー樽」と呼ばれる樽の容量は二二五リットルで、樽を使ったことによりワインのなかに樽の香りが溶出し、複雑な味わいになる。一樽から約三〇〇本のワインが取れる。

実はシャトーが毎年行う設備投資のなかでも、最も大きいのは樽の購入費だ。鈴田と一緒にボルドーの樽工場を訪ねた永田は「あんなに高いとは思わなかった」と、そうこぼした。

「毎年、ボルドーのシャトーは新樽を買います。当時、確か一樽で二万円（現在は約一〇万円）くらいしました。シャトーにとって新樽はワインを熟成させ、またその味わいに複雑さと奥行きを与えるために必要不可欠なので、どこも大量に買い付けます。でも前のオーナーは新樽を買うお金がなくて、一年間使用した樽を買っていたらしい。そうすると、ワインそのものに樽の香り（樽香）がしっかりつかない。それで、鈴田さんと私は新樽を調達することにしたんです。

何もわからない頃でしたから、いつまでに、どのくらい樽を買えばいいのかとラグランジュのスタッフに尋ねました。すると、日本円にして数千万円分もの樽を買わなければいけない、とわかった。しかも樽熟成に使うから、すぐに用意してほしいという。『すぐ』とはいつかと聞いたら、『いますぐだ』と言われたのです。三月頃の話です。鈴田さんが日本の本社に連絡したら、『要るものは買え』と言われましたが、資金はそっちで調達しろ、と。私はあわててボルドーの銀行に走りました。日本ならサントリーと名乗れば、お金は貸してもらえます。しかし、ボルドーではサントリーの名前はまったく通用しません。担保が必要だと言われて、いったい何にしよ

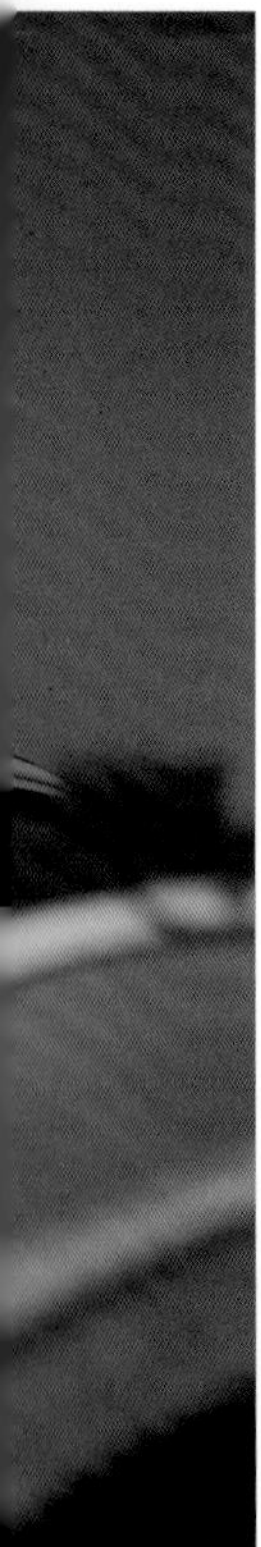

うかと考えていたら、『在庫のワインがあるだろう。それを担保にしろ』と。グランクリュのシャトーの場合、在庫ワインが担保になると初めて知りました」

　グランクリュのシャトーでは必ず毎年、新樽を買い、通常は一三〜二一カ月間はワインを熟成させる。一年間熟成に使った樽は「シャトーもの」ではなく、セカンドラベルのワインの熟成にまわす。二年使った樽もまた同じ用途だ。そして三年間使った樽は地元の醸造家、またはぶどう農家に販売するのだ。

　サントリーの経営者である佐治敬三が五月にボルドーにやってくるという連絡が入ったのはそんな折だった。佐治の目的は買収したシャトー ラグランジュを視察す

数千丁の樽が整然と並ぶ、美術館のように美しい樽熟庫。

ることと、そして駐在する鈴田を督励することだった。

佐治敬三のボルドー訪問

現在、サントリーの社章は、「SUNTORY」という文字をデザイン化したものになっている。だが、古くは「向獅子」という二頭の獅子が向かい合うデザインだった。ラグランジュ買収にゴーサインを出した佐治敬三はまさに「向獅子」の社章を体現するような誇り高い経営者であり、獅子吼《ししく》しながら、会社が目指すべき方向へと部下を突撃させる男だった。

佐治は実父である鳥井信治郎が始めたウイスキーと赤玉ポートワインの会社をビール、洋酒、清涼飲料なども含めた総合飲料メーカーへと発展させた。そのうえ音楽や美術、文学にも造詣が深く、サントリー美術館やサントリーホールを開設したほかサントリー文化財団を興した。開高健、山口瞳というふたりの作家を育てた男でもある。

そのオーナーが初めてボルドーを視察、自社が買ったシャトーの様子を見て、鈴田の働きぶりを確かめるというのである。

佐治が来るとの一報を聞いて、緊張したのは鈴田ひとりではない。永田やロンドンの小林も、佐治がフランスに着く前から背筋を伸ばして、緊張していた。

一方の佐治は、フランス行きを楽しみにしていた。自社のワイナリーを学生の頃から知り、欧州のワイナリーを何度も視察していた佐治にとっても、ボルドーのグランクリュ・シャトーをオーナーとして訪れるのは、初めての体験だったからである。

視察の他に、もうひとつ予定されていたのがボルドー・ワイン振興の会員組織「ボンタン騎士団」の叙任式だった。ボンタン騎士団は、ボルドー・ワインの普及に貢献した人々を顕彰する団体で、ボルドーでは最も格式がある。

ボンタン騎士団の会員になれば、地元でも尊敬の念を抱かれる。ラグランジュのオーナーとなった佐治は日本人で初めて正会員として迎えられることになったのだ。

ボンタン騎士団に入れるのはフランス人に限らず、ボルドー・ワインに対して顕著な業績があった者であり、会員が推薦すれば名誉会員になることができる。

名誉会員に推薦されるのはおもにボルドー・ワインの愛好家、もしくは広報活動への貢献が期待される有名人が多い。本場の人々からワイン通、ワイン功労者と認められるのだから、会員に推薦された人にとっては光栄なことだ。一方、ボルドー・ワインにとってみれば強力なPRや願ってもない販売促進に繋がる。

佐治が入会を許されたのは名誉会員ではなく、ボンタン騎士団の正会員だった。正会員になるのは、ボルドーにシャトーを持っているか、もしくはボルドーに拠点を持つクルチエおよびネゴシアンだけだ。

佐治はグランクリュのシャトーのオーナーになったからこそ彼らの仲間入りをすることができた。このことはサントリーにとって大きな価値を持ち、シャトー ラグランジュを買った成果のひとつと言えた。

同じ日に正会員になるメンバーとして、ボンタン騎士団は、以下の人物を推薦していた。

シャトー ラフィット・ロートシルトのオーナーのマダム・リリアン・ド・ロスチャイルド、シャトー マルゴーのオーナーであるギリシア人のマダム・コリーヌ・メンゼルプロス、シャトー ムートン・ロートシルトのオーナーのフィリピーヌ、シャトー ラトゥールのオーナーであるファイナンシャル・タイムズ社長らだ。

佐治を歓迎するために、このいずれ劣らぬ一級シャトーのオーナーたちも一緒に叙任を受けることになった。正会員、名誉会員を招く叙任式と食事会は一年の間に何度か行われたが、このときばかりは関係者の間でも大きな話題となった。

当日は約八〇人もの会員が集う食事会があり、今回入会を認められたシャトー ラフィットもシャトー マルゴーも最高のミレジム（ワインの収穫年）を用意したとのうわさが流れていた。

ラフィットとマルゴーの素晴らしい年のワインが一緒に飲めるのは、ワイン専門家でも一〇年に一度か、二〇年に一度だろう。それだけにこの叙任式は、フランス全土のワイン愛好家の間でも話題になったのだ。

この食事会で鈴田が頭を悩ませたのは、果たしてラグランジュには出席者を驚かせるほどのワインがあるのかということだった。ボルドーのシャトー同士が交流する際、相手に合わせたワインを用意することが大切になる。ラフィットやマルゴーに比すべきものはないけれど、それでも面目を保つワインをラグランジュのカーヴから探し出さなければならない。出席者が八〇人ともなれば、少なくとも数十本は必要だった。

ともあれ、佐治はラグランジュを実際に自らの目で確かめること、そしてボンタン騎士団叙任式への出席を楽しみに、心弾ませて、フランス行きの飛行機に乗った。

宝物のようなワイン

五月一五日、佐治敬三夫妻がボルドー空港に降り立った。同行者は他に副社長の鳥井信一郎夫妻、ロンドンから来た小林、そしてパリの永田である。一行は空港からすぐにラグランジュへ向かい、鈴田の案内でシャトーのなかを二時間かけて見学した。デュカス、ドロン、ペイノー博士もまた佐治と歓談した。佐治はこの上なく満足といった表情になり、ジョークを連発したという。

そして翌日、ボンタン騎士団の叙任式。叙任式と夕食会に出席する佐治のために用意した衣装は、会員の正式コスチュームであるローブと帽子だった。介添え役の鈴田も正会員になるので、同じものをあつらえた。

会場となったのは一級シャトーのラフィット・ロートシルトの醸造棟で、参加者全員が着席しての会食だった。

ホストはラフィット・ロートシルトのオーナーのひとり、エリック・ロスチャイルド男爵（当日は

ボンタン騎士団の叙任式。写真右から二人目が佐治敬三。

伯父のエリー・ド・ロスチャイルド男爵が代行）。この夕食会の打ち合わせはエリックのパリの事務所で行われたが、これをきっかけにラフィットとサントリーの提携が実現することになる。

他にも、ボルドーで有力なクルチエやネゴシアン、地元新聞社社長、ボルドー美術館長が出席し、その様子をフランスのマスコミが取材した。日本からはサントリー関係者の他に新聞や雑誌、テレビ局各社から取材陣一六人が入った。メドックにこれほど多くの日本人報道関係者が来たのはその日が初めてのことだった。

まずはホストが挨拶し、会の次第と正会員の候補を紹介する。すると、候補者の佐治や鈴田らが他の候補者と一緒にタキシード姿で壇上に立つ。

ホストは候補者の略歴を紹介していく。それから、全員でワインのテイスティングをする。佐治と鈴田はこのとき、とっておきのシャトー ラグランジュ一九七〇年を試飲した。テイスティングをした後、候補者は何かコメントを述べなくてはならない。鈴田は小声で無難なコメントを述べ、佐治は大声でユーモアあふれる話を英語で披露した。

このコメントの後、ボンタン騎士団の会長が立ち上がり、集まった会員に「ムッシュ・サジを入会させてもいいか？」と問いかけ、全員が声を揃えて、「ウィ」と答えた。それから候補者は会員が着るローブと帽子を身につけ、記念写真を撮影した。

叙任式が済んだら、いよいよ夕食会である。メニューはシンプルな構成だった。

【スープ】マドレーヌ風のコンソメ

【前菜】フォアグラのブリオッシュ

【メイン】ポーイヤック産の羊肉ロティ　地元産野菜の付け合せ

【デザート】フランボワーズのババロア

一方、出てきたワインは、ミシュラン三つ星レストランでも、世界の一流ホテルでも、おそらく絶対的に無理であろう貴重なものばかりだった。

最初に供されたのが、叙任式のテイスティングにも使われた「シャトー ラグランジュ一九七〇」である。列席者も「いいワインだ」と反応してくれた。しかし、その後に続いたのは、いずれも傑出したワインだった。

シャトー ラフィット・ロートシルト一九五九 ダブルマグナム、シャトー マルゴー一九三四、シャトー ラトゥール一九〇〇 マグナム、シャトー ラフォリー・ペイラゲイ一九二一。

ワインのプロでも歓声を上げ、一本数百万円と値付けされても不思議ではないセレクションである。一九〇〇年のシャトー ラトゥールや一九三四年のシャトー マルゴーが八〇人を超える出席者全員にいきわたる本数で用意されていたのだから、壮観だった。

しかも客が合図をすれば、ギャルソンはいくらでもワインを注いだ。ボルドーでも、これほどのワインが出てくる食事会は戦後一度か二度しかなかったと言われたほど、盛大で華やかな夕食会だった。

佐治を始め鈴田、永田、小林といったサントリーの社員たちは上気し、戦前につくられた一級シャトーのワインを堪能した。

その一方で全員、ふと考え込んだという。このとき肌で実感したのは、他のワインに比べるとラグランジュは明らかに格下であるという事実だった。

今回は佐治が正会員になるから、ラグランジュのワインをテーブルに載せてくれた。しかし評価が地に堕ちたワインを復興しなければ我々は今後、こういった美酒を飲む資格はない。

なかでも一九七〇年のシャトー ラグランジュを選んだ鈴田は複雑な心境だった。

「ラグランジュの評価をもっと上げなくてはいけない。いいワインをつくることが自分の仕事だ。そして、何年後か何十年後かわからないけれど、いつか同じような食事会で出席者が、『おっ、今日はシャトー ラグランジュが出てくるのか』と思わず声を上げるようなワインをつくらなくては。それが自分の役目なのだ」

鈴田は、その想いを胸に刻んだ。

新エチケットでの再出発

佐治がボルドーにいたのはわずか二日間だったが、その間、鈴田はそばから離れられなかった。しかし、通常の業務も待ってはくれなかった。鈴田は眠る時間を切り詰めて資料を用意し、仕事の打ち合わせをした。

なかでもすぐに決めなくてはならなかったのが、ボトルのエチケットのデザインを変更すること、そしてセカンドワインを新たに出すことだった。

セカンドワインとは「シャトーもの」というファーストワインに入らない、実力を発揮するにはまだ若い樹齢のぶどうなどを用いてつくられたワインのことである。これまでラグランジュではセカンドワインをつくっていなかった。

そのふたつの改革を「直ちにやらなければならない」と言ったのは顧問のミシェル・ドロンだった。佐治と初めて会ったドロンは、鈴田に改めてこう宣言した。

「いいですか、いまが勝負です。ラグランジュを再生するには最初の一年間で、できるだけのことをやらなくてはならない。エチケットを変え、セカンドワインをつくって、シャトーものの質の向上を図る必要があります」

鈴田は、ドロンが次第にラグランジュの復興への関心を増してきたことを肌で感じていた。

新しいぶどうの苗を植えるにあたり、わざわざ畑まで足を運び、どのぶどう品種にするかペイノー博士と相談していた姿を見ている。

シャトー レオヴィル・ラス・カーズではオーナーとして君臨しているだけでまずそんなことをやらない男が、いくら顧問とはいえ、他のシャトーの畑を黙々と歩き、土壌を見て、それに合ったぶどう品種を選ぶのだ。よほどワインを愛していなければできない仕事と言えた。

鈴田が何より嬉しかったのは、そのときドロンが、「これほどテロワールに恵まれているとは」と感嘆の声を上げたことだった。

ワイン産地では「テロワール」という言葉がよく使われる。

テロワールとはぶどう畑の土壌、地形、日当たりや水はけ、畑ごとの微妙な気候の差など、ワインづくりに影響を与える自然要素すべてを含んだ大きな概念だ。テロワールがよければ上質のワインができるとされている。

ワインの原料はぶどうの果実のみであることから、ぶどうの出来不出来が、そのまま味わいを左右する。そのため、テロワールが重要視されているのだ。

たとえば、ドロンがオーナーの

シャトー レオヴィル・ラス・カーズの畑は恵まれた土質に加えて川のそばにあり、太陽の方角に向かってなだらかに傾斜している。日当たりがよく、冬は川が昼間の温度を維持しているので、霜が降りることも少ない。土壌の水はけもよく、畑の区画も飛び地ではなく全体にまとまっている。上質のぶどうができる環境だ。

それほど、良質な畑を持つドロンが感嘆の声を上げるほどなのだから、シャトー ラグランジュのテロワールはかなり優れているのだ。前のオーナーが投資を怠り、手入れをせず、荒れるに任せていたから品質が落ちていただけであり、きちんと管理さえすれば、テロワールの実力に見合うワインが必ずやできるに違いない。

ドロンがすぐに変えるよう要求したエチケットについてサントリーは、デザインはそのままでいいと思っていた。しかしドロンは「絶対に変えるべきだ。すぐに新しいデザインに変更しよう」と指示した。なぜなら、以前のエチケットのままでは多くの人に、ワインの質が変わっていないと思われてしまう。だからこそ、変えるべきなのだと彼は言った。

その結果、エチケットは西洋兜をかぶった騎士ふたりが向かい合うスペイン風のデザインから、シャトーの外観へと変更することになった。

またドロンは、エチケットの製造者の欄にサントリーという名称は入れないことを主張した。だがそれについては、本社から異論が出た。

「せっかく買収したのに、サントリーがオーナーだと表明できなければ何の意味があるのか」

その意見も、もっともだった。鈴田は、ドロンにどうしてサントリーの名前を使用してはいけないのかを尋ねてみた。

しかし答えは、冷徹なものだった。

「ふたつ、理由がある。ボルドーの人間はサントリーがラグランジュを買ったことをよく知っている。彼らが心配しているのは、サントリーがシャトー ラグランジュのぶどうでつくったワインを日本へ持って行って『日本製』として売るのではないかということだ。そんなバカなことを、と思うかもしれないが、地元の人間はそれをいちばん恐れている。私はつまらない憶測を生まないためにも、製造者の欄にSuntoryという文字は入れないほうがいいと主張したい」

　続けて、もうひとつの理由を話した。

「それからはっきり言うが、欧州の消費者はサントリーという会社を知らない。ソニー、トヨタ、ニッサンなら聞いたことがあるけれど、サントリーは知らない。無名の会社名は、入れないほうがいい。それよりも、サントリーの人たちにこう伝えてほしい。シャトー　ラグランジュの再建が成功した暁には、欧州の人間はサントリーという名を認識するようになる。何より大切なのは、まずは再建することだ、と」

　最終的にはドロンの意見を取り入れて、エチケットにサントリーの社名は入れないことになった。これは日本の会社としてはかなり思い切った決断だったと言える。

　エチケットについてはその後もうひとつ、問題が起きた。サントリーが、ボトルに貼らずエチケットだけを日本に送ってほしいと要望してきたのである。

「エチケットを貼ったままボトルの状態で輸入すると、こすれたり、汚れたりします。日本の消費者はエチケットの汚れに敏感だから、日本で貼りたいのだと思います
　鈴田がそう答えると、ドロンは難しい表情になった。

「君たちはエチケットというものの重要性をまったくわかっていない」

　不機嫌な表情でそのまま続けた。

「もし、日本でつくったワインにシャトー　ラグランジュのエチケットを貼り、そのことが発覚したとする。そうなったら、ラグランジュはそれでおしまいだ。フランスでも世界でも、二度とラグランジュのワインを売ることはできない。もちろん、私もサントリーの社員が悪いことをするとは思っていない。しかし、社員が四〇〇人（当時）もいたら、不適切な使い方をする人間だって出てくるかもしれない。だからエチケットだけを日本に送ったり、

他の人間に渡したりしてはいけない。ただし今回のみ、君が信用する人間にだけは渡してもいい。しかし、数はきちんと把握しておくこと」

　まさしく正論だった。鈴田にとってドロンはワインとワインビジネスにおける、最高の教師でもあった。

　その後で、さらにドロンは「ついでに言っておく」と叱責口調で続けた。

「ワインの売り方だが、ボルドーにはボルドーのやり方がある。それは守ってもらう。初めに言ったように、必ずクルチエとネゴシアンを通して、サントリーも他のワイン商社と同じ条件で仕入れること。サントリーが頑張って独自で、日本の得意先にシャトー ラグランジュを大量に売ったとする。そうすると、クルチエやネゴシアンはシャトー ラグランジュを売る熱意がなくなる。結果として値崩れしてしまい、ワインの評価は下がる。ラグランジュがそうなってはいけない。くれぐれもボルドーの商習慣を守ることだ」

セカンドワインをつくる

　ボトルに貼るエチケットの問題と前後して、ドロンが勧めたのが、セカンドワインをつくることだった。前のオーナー時代、ラグランジュは収穫したぶどうすべてを「シャトー ラグランジュ一九四五」のように、いわゆるファーストワインの「シャトーもの」にしていた。

　しかし、品質を追求する生産者は収穫したぶどうすべてを使って無理に「シャトーもの」にするのではなく、良質なぶどうでできたワインのみをファーストワインにして、残りをセカンドワインにしていた。

　また、ボルドーでは、二種類もしくはそれ以上のぶどうの品種を混ぜ合わせてワインにする。同じ産地でも、ブルゴーニュではモノセパージュ（単一品種）といって、ピノ・ノワールというぶどう品種だけで赤ワインをつくる。だが、ボルドーではカベルネ・ソーヴィ

ラグランジュのセカンドワイン
「レ フィエフ ド ラグランジュ」。

ニヨン、メルロといった品種を混ぜ合わせて、ひとつのワインにするのが伝統的だ。

その混ぜ合わせることを「アッサンブラージュ」という。アッサンブラージュの技がワインの評価にも直結してくるから、それが醸造責任者の腕のみせどころのひとつになる。

初めてセカンドワインをつくる際、アッサンブラージュの主役となったのはペイノー博士だった。

それぞれのワインは畑の区画ごとに一四のコンクリートタンクで貯蔵されている。そのうち、カベルネ・ソーヴィニヨンが六タンク、メルロが八タンクである。タンクから少量ずつ取り出したものを試飲して良質のグループAと、やや劣るグループBに分けた。

基本的にはAのカベルネ・ソーヴィニヨンとメルロがファーストワインに、Bのカベルネ・ソーヴィニヨンとメルロがセカンドワインとなるが、実際はもっと複雑だ。必ずしもそうならないこともある。

ドロンとデュカス、鈴田も一緒にテイスティングしたが、最後に混ぜる割合を決めたのはペイノー博士だった。

ボルドー・ワインの特徴であるアッサンブラージュの技術は、口伝とまでは言わないが、経験を積み重ねないとできるものではない。

鈴田が残したメモにはアッサンブラージュとセカンドワインづくりについて、膨大な記述がある。それは、専門家でなければ理解できない用語、記号やフランス語の羅列で、まるで醸造学の論文のようだ。

そして鈴田はアッサンブラージュに関して、ペイノー博士やデュカスが感心するほど秀でた感覚を持っていた。デュカスは「スズタはボルドー大学の利き酒クラスではトップだった」と言っているが、ペイノー博士も鈴田のテイスティング能力を深く信頼していた。鈴田自身もアッサンブラージュに特別な思い入れがあったから、膨大なメモを残したのだろう。

そのメモの最後の部分にはボルドーでの仕事を通して感じた大きな決意が書かれている。

「私はつくづくわかった。二〇〇〇年の歴史があるボルドーのワインづくりには、たかだか二〇〜三〇年の日本の技術を入れる必要はないし、逆に、学ぶほうが多いはずであり、生産地である現地のやり方が、そこでのワイン生産には合っているはずだ。現地のやり方を尊重すべきだと思った。また、長い歴史のなかで培われたワインづくりの伝統、習慣には、我々日本人には想像し得ない部分があり、やはり現地のやり方を尊重するのが最良という考えを固めた」

そんな鈴田に対してはサントリーの社内の人々はもちろん、誰もが応援していた。やがてボルドーの人々も長く共に働くうちに、鈴田の立場や考え方を感知したようだった。

「あいつはすぐに日本に帰る人間ではない。それにオレたちを出世の踏み台にするような男ではない」

ラグランジュが復興した大きな

要因は、鈴田が社命のためだけでなく、グランクリュ復興を賭け、一醸造家としてワインづくりに精を出したからだ。また、それくらいの覚悟と熱意がなくては、たったひとりでボルドーのぶどう畑の真ん中には赴任しなかっただろう。

ワインづくりは農業

鈴田の起床は午前七時。ヨーグルト、バゲット、紅茶の朝食をとって八時前にはラグランジュのオフィスに入る。日本人らしく時間はきちんと守る。かぜで休むときは当日の朝、電話して「熱が下がらなくて、体がだるいから」と病状まで詳細に申告する。日本人にとっては当たり前のことだが、この几帳面さはボルドーの人たちを驚かせた。

そしてオフィスに着くと、畑に出ることを日課にしていた。いくつかの区画を歩いてぶどうの様子を見るとき、必ずベルトに日本製の歩数計をはさんだ。ボルドーの人間は歩数計を見慣れてはいなかったから、作業員から「それは何だ」とよく聞かれたものだった。

ぶどうが葉をつける季節になると、病気にかかっていないかをチェックしながら歩く。夏になって実がなれば、未熟な状態でも口に含んで味をみる。そうやって糖度が上がっているかどうかを日々、確認するのだ。ボルドーの人間は種まで噛み砕いて味を確かめる。

種にはワインにとって欠かせない渋みの元であるタンニンが含まれており、種が熟していないとワインの渋みは青臭く、粗いものになってしまうからだ。
「種を口に入れて、アーモンドのような香ばしい味がしたときが収穫期」なのである。

収穫のときを待つぶどう。

畑から帰った後は打ち合わせ、本社への報告、醸造期間であれば利き酒をしたり、アッサンブラージュをしたりと忙しい。

昼食にはご飯を詰めた弁当を持参するが、クルチエやネゴシアンとの会食も多い。ワインの価格を決める春から初夏にかけては毎日のように会食でフランス料理を食べ、ワインを飲む。午後からはまたオフィスに戻り、夕方、暗くなる頃には自宅へ向かう。

買収当初の数年間こそ、人の採用や建物の改修といった仕事にも力を注がなくてはならなかったが、それはあくまでスタート時の臨時の仕事であり、本来、彼がやらなくてはならないのはぶどうを育ててワインにすることである。

評価が地に堕ちていたラグランジュのワインをグランクリュ三級にふさわしいものに変えることが彼の使命だった。本場でのワインづくりに携わるのが初めての鈴田はペイノー博士やドロンに教わりながら栽培、醸造などを経験していった。そしてどんなに忙しくても、畑に出る日課は欠かさず、ぶどうにさわり、きちんと育っているかどうかを確認した。

フランス人から見たら、「スズタは勤勉だ」と思われる行為かもしれないが、本人にしてみれば、心配で仕方がなかったのだろう。

しかしそれはデュカスや従業員も同じである。ワインづくりに携わるメドックの人間たちは天候がよく、ぶどうさえ順調に育っていれば、人間関係もスムーズにいく。

だが、ぶどうの花の咲く時期、あるいは収穫前の時期に長雨が続いたりすると、とたんにみんな不機嫌になるのだった。

アッサンブラージュ

ぶどうの木は植えてから実をつけるまでに少なくとも三年はかかる。その後は、数十年からときには百年以上にわたりぶどうの実をつけ続ける。

ボルドーのぶどう畑にも植えてから三〇年以上経つ古木が数多く残っている。そうした樹から獲れた実でつくったワインを「ヴィエイユ・ヴィーニュ」と呼び、エチケットにそれが記されることもある。粒がより小さく、香りや味わいに凝縮感があるのが特徴だ。ぶどうの木は丹念に手入れをすれば、その寿命を長く保つことができる。

ぶどう畑の世話をし続ける鈴田は、フランスでは一般に優に三週間は取るバカンスも、せいぜい一週間くらいだった。ぶどうが心配で長期間、ぶどう畑から離れていられないのである。特に収穫が近くなると、鈴田がぶどう畑にいる時間は長くなる一方だった。

鈴田の妻は苦笑しながら、思い出を語る。

「あの人はどんな仕事よりも、ぶどう畑にいるのが好きでした。夏から秋の間は、うちに帰ってきてからも、畑のことばかり話していました。私も三人の子どもも畑によく一緒に行って。そうすると夫は息子や娘に『ほら、ここにてんとう虫がいる。農薬を使っていない証拠だぞ』と教えていましたね。ボルドーでは夏になると、夜の一〇時くらいまでは明るいのです。その時間になれば暑さもやわらぎます。夫は、ひとりで畑のなかをずんずん歩いていって、家族はおいてけぼり。なかなか戻ってこないから、うちに戻るのが遅くなり、夜中になったこともありました」

アッサンブラージュの様子。緻密な作業が続く。

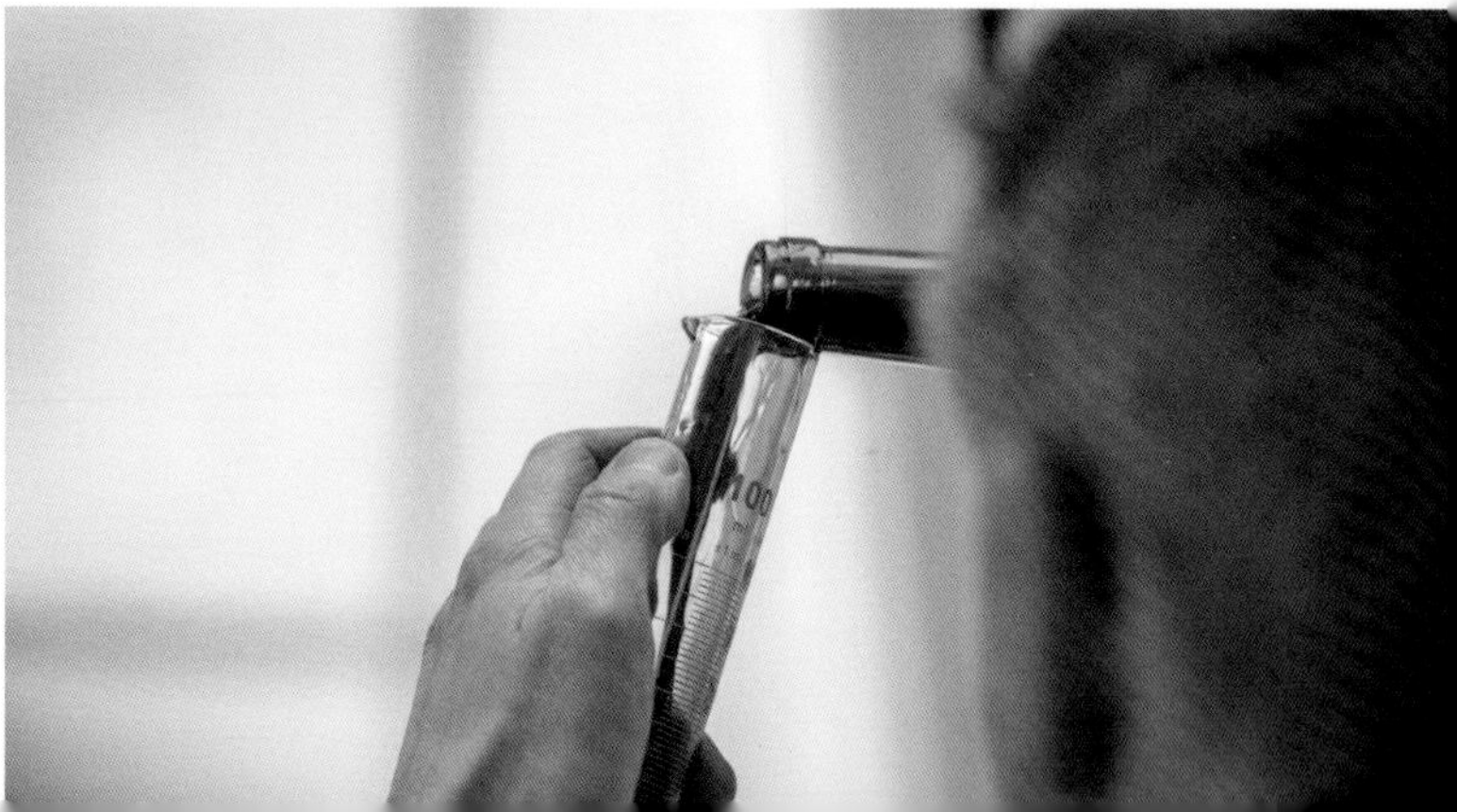

そんなふうに手塩にかけたぶどうの収穫が済めば、鈴田が現地でも認められたテイスティング力を発揮するアッサンブラージュだ。

ラグランジュの場合は大半のシャトーと同じく樽熟成に入って二カ月目（毎年一二月下旬〜一月の初め頃）にアッサンブラージュをすることにしていた。春になると、プリムールで全世界からワインのバイヤーやインポーターが訪れる。それまでの間にシャトーの味を決めなければならない。

現在、サントリー㈱のワイン部門でシニアスペシャリストを務める渡辺直樹は、一九九五年からボルドー大学に留学経験があり、鈴田がラグランジュの幹部と一緒にアッサンブラージュしている現場を見たことがある。

「ボルドーのグランクリュの栽培や醸造の実態は、外部からはなかなかうかがい知ることはできません。鈴田さんがいたからこそ、私たちは教えてもらえた。事実、当社ではラグランジュを買収するまで、卵白を使ってオリを凝着させるコラージュもアッサンブラージュもやったことはありませんでした。たとえばコラージュについても理論は知っていましたが、実作業を見てみないとできるものではありません。もし失敗すれば、ひと樽分のワインがダメになってしまうからです」

アッサンブラージュに参加したのは鈴田の他に社長のデュカス、醸造責任者と樽熟庫の責任者、そして外部コンサルタントがひとりだった。

大きな部屋のなかに六〇個のグラスが並び、なかには品種や区画のロットごとに分けられたワインが入っている。それを全員がテイスティングしていき、それぞれ味の特徴をメモする。そしてどのロットがシャトーものに使えるか意見を言い合う。このとき、「これはファーストワインにするには味が若いし、弱い」と判断された区画のワインは、セカンドワインにまわされることになる。

ラグランジュで植えている赤ワイン用の品種はカベルネ・ソーヴィニヨン、メルロ、プティ・ヴェルドの三品種のみ。それぞれを実際に混ぜてみて、さらにテイスティングする。

毎年、一度で品種構成が決まることはなく、数回から一〇回は繰り返す。それを何日かおいてもう一度行い、味わいを確認する。緻密な作業だが、なにしろ一年間の集大成だから、気は抜けない。そしてこの技術をマスターしていなければ「ボルドーでワインづくりをした」と語ることもできない。

作業を見ていた渡辺は思い出す。

「あのときは、ある区画のワインをランクダウンさせるかどうかの議論をしていました。醸造責任者が『これはセカンドにしたい』と言うと、鈴田さんが『このくらいのものであれば十分、シャトーものになり得る』と答えたのです。シャトーもの品質を下げてもいいと思っての発言ではなく、経営的な判断によるものです。つくり手として現場に出ていると、どうしてもワインのことばかりに頭が回って、数字を忘れがちになります。しかし、きちんと利益を出さないとシャトーを経営していくことはできない。鈴田さんは案外、はっきりとものを言うんだなと感じました。アッサンブラージュは品質のみならず、商品の内容を決めることにもなるので、そこで会社の売り上げが確定する。数字から判断するのは重要なことで、あのときはデュカスも鈴田さんを支持しました」

渡辺と同じく、やや傍観的な立場でアッサンブラージュに関わっていたのが外部コンサルタントのジャック・ボワスノである。彼はラグランジュに鈴田が赴任したときから共に仕事をしている。

ジャック・ボワスノはラグランジュだけでなく、毎年一〇〇～一二〇のシャトーでアッサンブラージュのコンサルタントをしている。そのなかにはシャトー ラフィットやシャトー マルゴーのような有名シャトーも含まれている。現在は、息子のエリック・ボワスノがその仕事を引き継ぐ。

「私とペイノー先生、デュカス、そしてスズタでひとつのチームでした。アッサンブラージュはスズタにとって楽しい仕事だったようで、彼は毎年、私が来る季節がいちばん好きだと言ってくれました。シャトーに出かけていって、数十種以上も並んだサンプルを試飲します。それから、最適と呼ばれる組み合わせ、パーセンテージを決める。アッサンブラージュの技術は確立しているようで、実はそうでもない。利き酒に関しては、スズタが優れていた。彼の利き酒能力はボルドーでも有数だと思います。でも、それだけではダメなのです。おいしいワインをつくり出すためには創造性という別の能力が要る。『これがいちばんおいしいワインだ』という答えがあるわけではないから。それはペイノー先生、デュカスがリードしていました」

正解のない作業のなかで、ボワスノが頼りにしたのは自分自身が決めた、ある原則だった。

「おいしいワインをつくり出すのはそれほど大変ではありませんが、ワインに特徴を持たせることが難しいのです。私が自分自身に課したのは、アッサンブラージュの結果、ワインに特徴や個性を持たせることでした。

たとえば、果実味の強いワインをつくることは簡単にできます。数あるサンプルのなかから果実味の強いものだけを抜き出してアッサンブラージュすればいい。しかし、果実味の強いボルドー・ワインはすでに多数、存在します。存在しているものを真似ただけでは個性とは言えません。それは他のワインに合わせようとしたり、消費者の好みを追ったりすることでもない。つまり、その特徴がそのシャトーに合っているものかどうかじっくり考えなくてはならないのです」

シャトーの将来を見据えながら、どういう特徴を持つワインにするかを考えるのがアッサンブラージュなのだ。

「私が理想とするワインはバランスであり、調和です。日本の庭は調和を大切にします。一方でフランスの庭は個性を重んじ、何かひとつ目立つものを置きます。私が目指しているワインは日本庭園のような、調和性のあるワインなのです。まさにシャトー ラグランジュのような。バランスが取れていて、しかもきちんと味わうと特徴が見えてくる。簡単ではないけれど、それだけに楽しい仕事と言えます」

ボワスノが大事にしているのは味わいのバランスだ。そして市場に出てから一〇年近く熟成して実力を発揮するワインでなければならないという。

アッサンブラージュでシャトーのワインにすると決めたものはもう一度、樽で熟成されてオリ引き、清澄化を経て瓶詰めされる。その後、販売されたワインをすぐに飲んでも、もちろんおいしい。だがボワスノが言うように、買ってからセラーで寝かせて数年経った後に飲むと、ボルドーのグランクリュ・ワインの魅力をより堪能できる。

ワインを売る

ラグランジュ買収の翌年、自分たちの畑で初めて栽培から手がけたぶどうを使ってワインをつくることになった。とはいえ、ぶどう畑の改革も始まったばかりで、醸造にはまだ古いコンクリートタンクを使うしかなかった。

それでもオーナーが変わった以上、これまでとは違うワインをつくらなければならない。ペイノー博士が出した答えは無理にファーストワインの「シャトーもの」にはしないことだった。

「シャトーもの」としてリリースするワインは上質なぶどうだけでつくったものにして、残りは新たにつくるセカンドワインにまわす。「シャトーもの」の本数はぐっと少なくなるが、収穫したぶどうのなかでも質のいいものだけを厳選して製品化するので、市場には歓迎されるに違いない。それがペイノー博士の作戦だった。

実はワインビジネスにとって、「ワインをつくる」だけでは仕事は完結しない。つくることと同じくらい、あるいはそれ以上に大変なのが、ワインを売ることなのだ。サントリーが買収するまでのシャトー ラグランジュの市場評価はよくなかった。グランクリュ三級だったにもかかわらず、市場では五級よりも安く売られていた。

欧州を始め、アメリカ、アジア市場などへ出向く対外的な広報活動にはおもにデュカスがあたった。鈴田にとってもワインの評価と価格を上げ、利益を出して投資金額を取り戻すのは大事なことだった。

元来は、内向的で人前でしゃべるのが好きではない男だったが、鈴田自身もシャトー ラグランジュの販促活動にもかかわらざるを得ず、ますます多忙を極めることになった。

勤勉な日本人

こうして鈴田は一九九一年までの七年間、そして一時帰国をはさんだ後の一九九五年からの一〇年

真夏の太陽の下、丹念にぶどう畑の手入れを行う。

間と、計二〇年近い歳月をボルドーで過ごした。

鈴田と同期の大岩人文は「あいつがボルドーの人間に認められたのは、ブルゴーニュのワインを相手にしなかったからではないか」と呟いたことがある。

「鈴田はあの通りの男だから、社内政治も知らないし、上司の悪口さえ言わない。だが、ブルゴーニュのワインだけは絶対に飲まないし、あれはワインじゃないくらいのことを平気で言っていた。サントリーでもブルゴーニュのワインを売っているにもかかわらず、ボルドーの話ばかりをする。『お前はボルドーの偏屈な人間になったんじゃないか』とからかったら、『そうか、オレもそう見えるようになったか』と嬉しそうな顔をした。私もボルドーへ行ったけれど、あそこの連中はみんな地元の酒がいちばんいいと思っている。他の国のワインの話をすると、露骨に嫌な顔をするんだ」

ボルドーの人間に同化するために大切なのはやはり地元の人間と一緒になり、ブルゴーニュやカリフォルニアのワインではなくボルドー・ワインときちんと向き合う態度を貫くことである。

ボルドーの「レストラン・サンジュリアン」のオーナーシェフ、クロード・ブルサールは自称「スズタの親友」である。ここはラグランジュの近くにあり、鈴田は少なくとも月に三度は食事をとっていた。

「スズタは地元の人という印象だ。見た目はアジア人だけれど、地元にすっかりなじんでいた。いちばんいいことは時々、私にシャトーラグランジュをプレゼントしてくれたことだね。スズタはにこにこしながら話を聞いていて、あまり食べずに、そして、居眠りをしていることもあった。一緒に来た人とブルゴーニュはダメだなんてことも言っていたな。スズタは愛されていたよ。ここに食べに来る地元の人間は全員、彼のことが好きだった」

ブルサールの店で出しているのは地元産の素材を使った料理である。どれもボルドー・ワインと相性がいい。ランプロワと呼ぶヤツメウナギを赤ワインで煮た郷土料理、ラローズという河口で獲れる魚を使った料理。もちろん牛肉をぶどうの枝であぶった名物「ステーキ・ボルドレ」も置いている。

ボルドーで鈴田が毎年、繰り返しやった仕事のひとつひとつは決してドラマチックではない。シンプルだが、ミスのできない畑仕事や醸造、交渉を不断の努力で続ける。それをやりながら、地元の人たちとの親交を深めていく。一会社員が、それを黙々と二〇年近くやり続けるのはたやすいことではない。

ボルドーのワイン関係者に、「勤勉で、約束を破ることはない。口数は少ないけれど、存在感はある」といった日本人のイメージを決定づけたのは、鈴田の現地での働きぶりが大きいだろう。

小型ステンレスタンクの導入

畑を拡大し、庭園を整え、醸造設備、ゲストハウスの改修がすべて終わったのは買収から七年後の一九九〇年のことだった。

ラグランジュのぶどう畑の面積は五六ヘクタールから一一三ヘクタールに広がり、ぶどうの苗木五〇万本以上が新たに植えられた。セパージュも変化し、買収した当時はメルロがほぼ半分だったのを、ボルドーの伝統にのっとってカベルネ・ソーヴィニヨンを増やし、プティ・ヴェルドという昔からの品種も植えた。

従業員の数も一三人から七〇人になっている。人手を増やしたことで、畑仕事を丹念にできるようになった。ぶどうの木の列は見事に整い、果実のなる高さも一定している。それは五年も一〇年も剪定を繰り返し、手入れをしているからこそ可能になった。

鈴田が新たに導入した温度コントロール装置付きのステンレスタンクも大いに役に立った。ステンレスタンクの容量を小さくしたことで、より細かく区画ごとに醸造することができるようになった。

買収後、すぐに導入したステンレスタンクの容量は二二〇ヘクトリットルだったが、鈴田が副会長を辞した四年後の二〇〇八年からはまた設備を更新し、タンクの容量を一一〇ヘクトリットル、九〇ヘクトリットルと小さくした。二〇一一年にはさらに小さい八〇ヘクトリットル、六〇ヘクトリットルのタンクを増設した。それによりアッサンブラージュの幅も広がった。

鈴田の後任となり、現在は日本

へ帰国して、サントリー(株)のワイン部門でチーフエノロジストを務める椎名敬一は語る。

「鈴田さんが植えたぶどうの苗は、私がボルドーに行った二〇〇四年当時には樹齢二〇年程度になっていました。区画ごとに個性が明確

になってきたので、それを全部一緒に仕込んでしまうのはやはりもったいない。ロットを小さくして醸造すればさらに個性が際立ちます。アッサンブラージュに時間はかかりますが、ワインの可能性が大きく広がるのです」

品質を上げようとすれば生産者はつねに設備を更新し続けなくてはならない。ステンレスタンクの導入を鈴田と共に進めた小林は「ラグランジュはあっという間に評価が上がった。それまであったコンクリートのタンクを廃止して、一九八五年ヴィンテージのシャトーものから新しく導入したステンレスタンクで醸造した。そのワインの評判がよかった。まさにV字回復です」と力説する。

ステンレスタンクが整然と並ぶ醸造棟。

小林はしわくちゃになった新聞を取り出し、そして大きく広げて見せた。

「一九八九年のニューヨークタイムズと、それからウォールストリート・ジャーナルの一面のレポートです。『フランス人が失敗したシャトーの経営に日本人が成功した。立派な投資家だ』と書いてあります。フランス国内だけでなく、アメリカでもラグランジュは評価されたということです。それはやはりタンクを変えたからですよ。すごい投資だったからね。よくやったよ、ほんとに。えらかったのは鈴田ですよ。もし私がラグランジュにいたら、どこかでカッとなって壁にぶつかったに決まっている。でも、鈴田はそうじゃない。朴訥な話し方と真面目な風貌。あれがよかった。オレは一度、あいつに言ったんだ。お前がメドックの畑を歩いているのを遠くから見ると、フランスの学者みたいだ、と」

確かに、ウォールストリート・ジャーナルはラグランジュの復興を手放しでほめている。

「シャトー ラグランジュは一八五五年に格付けされたグランクリュのひとつだが、前のスペイン人オーナーはワインづくりに情熱がなく、ぶどう園はさびれ、ワインの評価は堕ち切っていた。近隣シャトーのワインが一本、四〇ドルや五〇ドルで売られる一方、このワインは四〜五ドルで手に入れることができた。

このシャトーに五年前、サントリーが救世主として現れ、品質重視をモットーに費用は惜しまず、大々的な設備投資を行った。この投資の成果は驚くべき早さで現れ、アメリカの有名なワイン評論家であるロバート・パーカーを始めとするワイン専門家たちは口を揃えてシャトー ラグランジュのワインの変貌ぶりに賛嘆の意を表している。そしてワインの価格も上がり、同クラスのシャトーワインの価格と肩を並べるほどになっている。

サントリーの場合はフランスの文化的に最もデリケートなワインという分野への、日本からの投資という極めて珍しいケースではあるが、地元ボルドーの人々は、ラグランジュの新しい城主である佐治敬三氏を歓迎し、ラグランジュの再生に対し、感謝の意さえ抱いている。

　ボルドー大学ワイン醸造学研究所所長のリベロー・ガイヨン教授も『サントリーはすべてに正しいことを行ってきた』と評価〈中略〉こうしたなかでサントリーは、ぶどうがワインの品質を決める、という指針のもと、原料ぶどうの厳選から始まり、製造工程はすべて完全に伝統にのっとり、理想的な条件のもとで行われていると言っている。確かに、そこには日本式経営手法はひとかけらもない」

　ワインに対する評価は新聞に報道されただけではない。二〇〇三年、有力なワイン専門誌「ワイン・スペクテーター」で、シャトー ラグランジュ二〇〇〇年は世界一万二〇〇〇ブランドのうち、第二五位にランクインしている。


二一世紀に入ってからは天候に恵まれたこともあり、ラグランジュを始めとするボルドーのグランクリュはいずれも高く評価され、一本当たりの価格も上がっている。

　またサントリーにとって、シャトー ラグランジュは別の付加価値を生んでいる。「フランスのグランクリュを経営している」ことが世界のワイン業界に知れ渡ったことでカリフォルニアのワイナリーを買収する際には話がスムーズに進んだ。

　ロマネ・コンティの販売代理権を獲得できたのも、グランクリュ一級のシャトー ラフィットと提携できたのも、さらには欧州のオランジーナ・シュウェップスを買収できたのも、ラグランジュの成功が基礎にあったからだ。


　ラグランジュの経営はつねにフランスの価値を守りつつ、同時に日本的奥ゆかしさを重んじたものだ。自分たちのいいところをことさら「さあ、どうだ」と押し出すことはしない。謙虚さ、勤勉さという日本人的な仕事の精神は、ラグランジュで働く人々にも知らず知らずのうちに浸透しているように感じられる。

　椎名もまた「真面目に、そして謙虚であることこそが真摯なワインづくりにとって大切な要素だ」と考えている。椎名は言う。

「コンヴィヴィアルという言葉があります。私自身はボルドーのキーワードだと思っています。みんなで分かちあうという意味で、大皿から料理を分けることに由来している。昔、ボルドーの家庭料理は大皿に載せて運ばれてきたそうです。それを家族だけでなく、客も一緒になって食べるんです。

一般的にはボルドーのメドックは保守的で閉鎖的な土地柄だとされていますが、一方で一三世紀からイギリスへのワイン輸出でボルドーの繁栄を築いてきたという歴史から、地元の人々は力を合わせることの重要さを理解しています。

たとえば、フランスにはボルドーだけでなく、ご存知のようにブルゴーニュ、ロワールなどの銘醸地があります。いずれの土地も、品質のいいワインをつくろうとしていますし、販売促進にも熱心です。ただ、他の産地はつくり手の規模の大小があるので、なかなかひとつにまとまりにくい。

それに比べて、ボルドーは同規模のシャトー同士が自発的に結びついて、ワインを広める活動をしています。団結心があるのです。春のプリムール販売だけでなく年に何度か大きな会場を借りて、それぞれのシャトーがブースを出して、自社のワインを紹介する。自分のところだけをPRするのではなく、ボルドー・ワインのブランド価値を上げながら、そのなかで自分たちの価値も上げていこうとしている。そういうところがコンヴィヴィアルな精神であり、私たちもボルドーの一員として、その姿勢を尊重していきたいと考えています」

畑の従業員たち

最後に、ラグランジュの従業員たちがどのように鈴田を見ていたかを紹介しよう。話してくれたのはシルビー、ベアトリスの二人で、いずれも買収当初から働いていた。

シルビーは「スズタさんは朝シ

ぶどうの木を1本ずつ手入れする。

ャトーに来たときと夜、家に帰るときにみんなに挨拶をしていました。フランスではクラスの上の人が従業員のところまでやってきて握手したり、挨拶したりすることはないので、最初は慣れませんでした。デュカスさん、その後ラグランジュに来た椎名さんもそうでしたね。当時、ボルドーのシャトーでそういう習慣があったのは、ラグランジュだけでした。それに、スズタさんは女性の従業員が入院したとき、わざわざ花束を持ってお見舞いに訪れたんです。スズタさんは優しい日本人だなと思いました」

ベアトリスは「スズタさんはあまり食べないから、料理人としては困った」と言った後で、「彼と接して、日本人のことがよくわかってきました」と続けた。

「正直、日本人がシャトーを買ったと聞いたときは驚きました。ワインを全部日本に持って帰ってしまうんじゃないかとみんな話していましたが、そんなことはなかった。いまではほっとしています。現在ボルドーのシャトーは外国人が買う時代になりました。私たちのシャトーは日本人でよかったと話すことがあります。正直だし、悪いことはしませんから。私はそう思っています」

＊

二〇〇四年一月末日、六〇歳になった鈴田はサントリーを定年退職。鈴田の志を受け継いだのが椎名だ。鈴田は引き継ぎ作業、残務整理などでその翌年までボルドーに滞在した。

日本に帰国し、まだまだこれから、後進も大いに導けたはずの鈴田の身体を、病魔が襲った。闘病生活の末、二〇〇九年八月一五日永眠。惜しんでも惜しみきれない享年六五だった。

鈴田が亡くなってから、ほぼ一カ月経ったある日。ボルドーのメドックではボンタン騎士団の昼食会が開かれていた。議長はシャトー・ランシュ・バージュのミシェル・カーズである。カーズは冒頭、ごく短いスピーチをした。

「もうみんな知ってると思うが、オレたちの友だちが亡くなった。食事の前に黙禱をしたい。では、私たちと一緒にワインをつくったムッシュ・スズタに」

そのスピーチに従い、全員が椅子から立ち上がり、黙禱を捧げた。

鈴田健二の後を継ぐ副会長として
ボルドーに赴任した椎名敬一。
現在はサントリー(株)のワイン部門で、
海外の経験を日本のワインづくりに
フィードバックする立場である、
チーフエノロジストを務める。
椎名がラグランジュを次のステージに
引き上げた仕事と、
そこに込められた想いについて語る。

第3章

揺るぎない改革の精神を次世代につなぐ

二代目副会長 椎名敬一が語る シャトー ラグランジュの新たな創造の日々

鈴田から椎名へのタスキ

鈴田の後を受けて、椎名敬一は二〇〇四年の六月からラグランジュに着任した。

椎名はサントリーがラグランジュを買収した二年後の一九八五年に入社。ぶどう栽培研究室を経て、ドイツのガイゼンハイム大学へ留学する。その後、一九八八年にサントリーが経営参画したドイツのロバートヴァイル醸造所に駐在し、立ち上げに携わった。

そして一九九〇年に帰国後、ワイン研究室、原料部を経てワイン生産部課長を任された。国産ワインの長期ビジョンの作成と、輸入ワインの品質保証を大きなテーマとしていた。

その頃は、南米のチリやアルゼンチンに一カ月から一カ月半をかけて出張し、現地の生産者と一緒に品質向上のためのさまざまな取り組みに着手していた。ボトル一本が五〇〇円未満というリーズナブルな価格帯で売られるデイリーワインは、おもに南米や東欧のぶどうを使用しており、ワインの品質を上げるためには、現地に行って畑の状態から収穫まで、トータルで見ることが欠かせなかった。

「当時、南米は日常価格帯のワイン供給地から、ファインワインの生産地へとダイナミックに変貌を遂げつつありました。南米と日本を行き来しながら、原料の供給地としてだけではなく、ファインワインの生産地になり得るポテンシャルがあると実感していました。

我々がそのワインづくりへと踏み込んでいくなら自分ももう一度、海外勤務することもあるかな、とは思っていました。実際、当面は原料基地ではありますが、将来はファインワインのワイナリーを立ち上げるプロジェクトをアルゼンチンで検討しており、社内のゴーサインまで得ていたのです。もちろん起案者として、自分が現地で指揮をする覚悟でいました」

ところが二〇〇二年初頭にアルゼンチンの経済が破綻したことから、最終的にこのプロジェクトはなくなった。椎名も「ああ、これで海外勤務はしばらくないだろうな」と感じていた。そんなところにふっと入ってきたのが、ラグランジュ駐在の打診だったのだ。

「定年を迎える鈴田さんに替わり、誰かがボルドーへ行くだろうというのはわかっていましたが、自分にその役割が回ってくることは予想外でした。

ラグランジュを初めて訪問したのは、ドイツの醸造所にいた一九八八年頃のことです。鈴田さんとも情報交換をして、その後も何度か出張の際に寄っていました。サントリーにはボルドー大学への留学やフランスでの研修を経た若手候補もいましたが、ラグランジュへの赴任となると経営者としての立場で行くことになりますから、年齢的なことなどいろいろ鑑みて、自分に話が回ってきたのだと思います。鈴田さんが後任として私を強く推薦してくれていたのも背景にあったと聞いて、大変に光栄なことだと感じました」

赴任が決まったのは二〇〇四年一月。それから二カ月半ほどの準備期間があり、フランスへ渡ったのは三月末だった。フランス語はまったくわからなかったことから、まずはジロンド川対岸のロワイアンにある語学学校に通い、実際にラグランジュに勤務し始めたのは六月からだった。

鈴田は同年一月に定年を迎えていたが、椎名との引き継ぎ作業や実際のワインづくりを通して一サイクル一緒にやってみる必要があったことから、翌春までラグランジュに残ることになっていた。

「赴任してまず始めたのはラグランジュの目指す方向性について、鈴田さんと私の考えていることを擦り合わせることでした。話をするなかで、鈴田さんのワインづくりに対する考え方、つまりフィロソフィと、フランス人と働いていくうえで注意すべき点などについて聞きました。

鈴田さんは饒舌な方ではなくて、いつも一歩後ろに引いている感じでした。フランス人の社長に対しては株主サイドの人間であり、副会長という立場ですが、そういうことを一切表に出したがらなかった。自分は組織のなかのファイナンシャルディレクターであり、監査役なんだ、という感じでした。フランス人と一緒に仕事をしていくうえで鈴田さんが最も重要視していたのは『日本人が前面に、もしくは横並びでいることに対して、彼らがプライドを傷つけられたと感じるようなことはすべきではない』ということです。

いかにも日本人らしいですよね。もちろん、引いてはいけないところでは引きませんが、それ以外の場合には、自分が黒子に徹したほうがうまくいく、というお考えだったようです」

復活から創造のステージへ

二〇〇五年二月、鈴田が駐在を終えて帰国すると、ラグランジュでの日本人は椎名ただひとりとなった。それまで九カ月近く、鈴田と共に駐在する間に、経営に関わる日々の業務、複雑なクルチエやネゴシアン関連の引き継ぎ、収穫から醸造までのワインづくりを一サイクル経験した。

そうして、より内部からシャトー全体を見ていくと、改めてデュカスと鈴田が成し遂げてきた仕事の偉大さを実感した。環境もシステムもきっちりとしていたし、うまく回っていたので、状況だけ見れば非の打ちどころがないように思えた。プリムールの価格に関しても、どん底まで落ちていたところから、買収後二〇年で、三級として本来あるべきところまで戻ってきてはいた。

一方で、先を見据えたときに、もう一段階ステージを上げるために変革できるところはまだある、とは感じていた。品質でさらなる高みを目指すのは当然ながら、その他にも、シャトーの魅力を自分たちがダイレクトに発信すること、さらには販売面での改革についてである。

「ワインづくりと販売が完全に分業になっているボルドーのグラン

クリュの慣例に倣い、ラグランジュでも、それまでは販売や広報に関してはネゴシアンのサポートを主体にして、シャトーでの活動は自然体に、という考え方でした。品質さえ高ければわかる人には理解されるので、我々が能動的に動く必要はないということです。私も根幹的にはまったく同感でしたが、通信手段が発達した現在においては、情報やメッセージというのは、我々からもっと積極的に発信していくほうがいいと考えています。どんな畑で、どんな人が、どのようなフィロソフィでワインをつくっているかなど、ワインの背後にある物語を発信していくことによりお客様にワインをより身近に感じていただける、つまり付加価値を与えられると思うからです。ソムリエや消費者の方々に、直接つくり手の言葉で語っていく。これがすごく大切なことだと思っています」

販売の面についても改善すべき点があった。シャトーとネゴシアンの間の売買には、アロケーションというシステムがあり、前年のプリムールでそのネゴシアンが買った数をベースに、翌年の割当数が決められる。年ごとのワインの出来不出来や、経済状況によって取引数が大きく左右されることがないように、毎年安定した数をネゴシアンが買い、世界中に販売するための仕組みである。

「たとえば二〇〇五年や二〇〇九年といった良い年のワインは、ネゴシアンも苦労なくさばけるうえに、価格も容易に上げられることから、いくらでも欲しいはずです。逆に、天候に恵まれなかった二〇一三年や、経済状況の苦しかった二〇〇八年のようなヴィンテージは彼らの本音としては、あまり買いたくはないでしょう。だからといって、良い年のワインだけ欲しいと言われたら、シャトーも困ります。だからアロケーションの仕組みができたわけで、ネゴシアンは将来の購入権を確保するために無理をして買ってくれているわけですね。

もし、ネゴシアンに需給調整を任せきりにするのではなく、難しい年はシャトーがある程度の在庫を抱えて、市場環境や熟成状況を慎重に判断したうえで数年後に再び出すことができるのであれば、ネゴシアンの在庫のプレッシャーをやわらげることもできます。一方でネゴシアンからすれば、需給と価格を自分たちでコントロールしたいという思惑もある。だから今後は我々とネゴシアンの間で、お互いがメリットを得られる落としどころを見つけていければいいのではないか、と考えています。これからのシャトーにとっては、そういう需給への関与もブランド価値向上には必要な使命だと思います」

それらの変革を実行しつつも、次なるステージへ進むために最も重要なことは、やはりワインそのものの品質を向上させることに尽きる。ラグランジュ買収以降、鈴田やデュカスを中心にさまざまな努力を重ねながら、グランクリュ三級として恥じることのないクオリティを取り戻し、ワインは高い評判を得られるようになった。今後もそれを揺るぎないものとし、より高い品質へと引き上げるためには、つくりの面でもさらなる改良とチャレンジが欠かせない。

椎名が最も力を入れたのは、ラグランジュのぶどう畑のテロワールの魅力を最大限に表現することだった。顧問のドロンが感嘆したほど素晴らしいテロワールのポテンシャルを引き出すためにフォーカスしたのは、ピンポイントでの完熟にもこだわることだ。

「ラグランジュのステージを二〇年の単位で考えるとします。私が着任した二〇〇四年というのは、ちょうど鈴田さんとデュカス前社長の二〇年が終わるタイミングでした。本当にどん底の状態から、あるべき三級の姿に戻るための復活の二〇年だったと思います。それを私が引き継いだからには、これからの二〇年は新たな創造のス

シャトー ラグランジュの畑の土壌。
小石が多く水はけがよい。

テージに入らなければならない。そのために最も重要と考えたことは、完熟した最適のタイミングでぶどうを収穫し、ワインをつくることです。なぜならワインづくりとは、まさに農業だからです。ワインの品質は、畑で八割が決まります。でも、ラグランジュのように広大な畑を持つシャトーでは、すべての区画で最適なタイミングで収穫することはそれまでは不可能に近いと考えられていました」

椎名がまず進めたのは、ぶどう畑の土壌・土質調査だった。二〇〇八年頃から、畑の土壌の特性を把握するためのボーリング調査をテスト的に行い、二〇一〇年から二〇一一年にかけて、当時の最新技術であるジオキャルタ※の作成に本格的に着手した。

最初に畑へ電気を通し、その誘電率により地表から深さ二メートルまでの土壌に保持される水分量を示した地図を作成する。それをベースに、表土だけでなく深い部分の土層・土質を知るために、二メートル半〜三メートルの縦穴を掘っていく。

「ラグランジュが持つ一一八ヘクタールの畑に、二〇〇カ所以上のボーリング調査をしました。それによりいままでは均一な一区画だと思っていたのに、そうではない区画があるとわかったのです。

区画内でも少し差があるというのは、これまでも体感としては知っていたんです。収穫前にぶどうを食味すると、同じ区画でも北側は少し味わいが薄いが、南側は凝縮感があるなど、経験として感じていた部分はありました。それで実際にボーリング調査をしていくと、表土は同じでも深部の土壌が違うからぶどうの味が異なっていたんだ、と理由がわかるわけです。じゃあ、その区画は分けて収穫しよう。そうやって細分化していきました」

その結果、一一八ヘクタールあるぶどう畑を一〇三の区画に分けることになった。

そうやって土壌の特性が可視化されたことにより、もうひとつの検討課題が現れた。土壌とぶどう品種や台木との相性である。買収後の一九八五年に鈴田たちがぶどうを植えた畑でも、ボーリング調査をすると、ぶどう品種と土壌が必ずしも適合しているわけではないとわかったのだ。

※ ジオキャルタ
土壌の詳細な分析データを記載した土壌地図。

調査により再認識できたのは、最良な区画にプティ・ヴェルドが多く植わっているという事実だった。それは、鈴田の時代に意図的に行われたことである。

スペイン人の前オーナーはカベルネ・ソーヴィニヨンとメルロをほぼ半々ずつぶどう畑に植樹していた。本来のメドックはカベルネ・ソーヴィニヨン主体だが、前オーナーはより早く熟し、収量も多いメルロの比率を上げることで利益を得ようとしていたのだ。

「メルロの比率が高くなると柔らかくてフルーティーな味わいになります。それはそれでおいしくはありますが、本来のメドックワインらしい骨格が弱くなってしまいます。それを補うために鈴田さんとデュカス前社長は、強いタンニンと酸が特徴であるプティ・ヴェルドを活用しようとしたのです。それをシャトーものに使うのであれば、最高品質のプティ・ヴェルドが必要だから、良質な畑を選んで植えたんですね。一般的にどのシャトーも、プティ・ヴェルドというのはあまり恵まれない畑に植えられます。ただし、そうするとタンニンの質が粗く、酸も強くなり過ぎるので、ブレンド比率としては五パーセント以下にするというのが普通です。でもラグランジュは最大で二〇パーセント近く入れた年もありました」

当時といまでは、ぶどうの樹齢も上がるなど状況も変わってきている。鈴田らが植えたカベルネ・ソーヴィニヨンは樹齢三〇年を超えて、プティ・ヴェルドに頼らなくても、メドックらしい骨格を有するワインがつくれる環境は整いつつあった。何よりラグランジュの次のステップという未来を考えれば、超一級の畑に、ぜひともメドックの象徴であるカベルネ・ソーヴィニヨンを植えて、最高峰のカベルネ・ソーヴィニヨンを収穫したい。

「ただし、ぶどうの樹齢が高くなったプティ・ヴェルドを抜根して、完全に植え替えてしまうのは時間の喪失だと思いました。そのため根の部分は残し、そこにカベルネ・ソーヴィニヨンを高接ぎする方法で、品種を切り替えていきました。これも二〇一一年から二〇一二年にかけて行ったことです」

そしてもうひとつの畑の改革は、白ワイン「レ ザルム ドラグランジュ」のぶどうの木の植え替えである。サンジュリアン村にあった白ワイン用の四ヘクタールの畑は低地で、表土は砂質土壌だった。横には小川が流れ、地下水位も高いと推測され、赤ワイン用のぶどう品種を植えてもセカンドワインにしかならないと想像できた。そのためそこには、白ワイン用のソーヴィニヨン・ブランとセミヨンを植えていた。しかし、土壌の誘電率と、ボーリング調査によりわかったのは、深層の土壌はむしろ赤ワイン用品種に向いているとの事実だった。

「今後も白をつくっていくなら、最高峰を目指したい。そこで決断したのは、白ワイン用品種に向いた別の畑を探そうということです。幸い周辺のオー・メドックという地域に良い畑が見つかったので、二〇〇九年から二〇一四年にかけて徐々に白ワイン用のぶどう品種を移していきました」

新たな努力と挑戦

ラグランジュの畑は、ジロンド川から内陸に三キロメートルほど入った場所にある。日本では北海道にあたる北緯四四度に位置するボルドーでなぜぶどうが完全に熟すのかと言えば、それは水の影響が大きいからだ。大西洋を流れる暖流（メキシコ湾流）の影響やジロンド川の穏やかな微小気候（マイクロクライメイト）にも恵まれ、ぶどうが完熟できる土地なのだ。

メドックでは一般的に、ジロンド川に近いほうがぶどうが完熟しやすく、恵まれた畑だと言われている。実際にグランクリュ一級やスーパーセカンドと言われるシャトーの多くは、ジロンド川からひとつ目の丘に位置している。そこから内陸に入っていくにつれて二級、三級、四級、五級と格が下がっていくのだ。

ラグランジュの畑が川からやや内陸よりにあるという点では、川沿いにある一級やスーパーセカンドのシャトーに比べれば、ハンディを背負っているとも言える。

「そうはいっても、土壌は一級シャトーと変わらないギュンツ氷河期に運ばれてきた砂礫土壌です。しかもラグランジュのあるところは、サンジュリアンのなかではいちばん高い丘なので水はけもいい。一級シャトーの畑などとの決定的な差というのは微小気候だと思います。たとえばメドックの場合、川の近くではほとんど霜の害はありません。それだけ川の水による保温効果が大きいのです。それに比べてラグランジュは、ボルドーが大霜害に見舞われた二〇一七年などはぶどうの約四割が霜の害に遭ってしまいました。

また春のぶどうの芽が出る萌芽期と花の開花期、そこからぶどうが熟すまでの期間というのも、川に近い暖かいところのほうが早いんです。川の近くの畑では三月下旬から四月初旬には萌芽します。それから数日、または一週間ほど遅れて、ラグランジュの萌芽が始まるわけです。

それなら収穫のタイミングも、川に近いところよりも我々のほうが本来遅くあるべきだというのが、

私の考えでした。内陸にあることは、熟期の観点で不利な条件となってしまうのは事実です。一方で、完熟することができた場合には、川沿いの温暖な畑では得られないきれいな酸が残り、逆に大きなメリットとなります。つまり内陸部の畑では、完熟させられるかどうかが品質の鍵を握っているのです。

また収量についても、気温が低く日照量の足りない年は、ぶどうの房の数を制限して果実の熟度を高めることで、ワインの凝縮感を上げることができます。

でも鈴田さんとデュカス前社長は、むしろそのあたりには意識的に踏み込まなかったんですね。収穫を遅らせることは、確かに理論上は正しいのですが、一〇月後半になるとメドックでは降雨のリスクが高まります。

シャトー ラグランジュの全景。ぶどう畑が広がる優美な景観。

雨が降ると一気に病害が広がって、一区画をダメにしてしまう恐れがある。果たしてそのリスクを負えるのかどうか。また収量制限についても、収量をどんなに減らしても土壌のポテンシャルを超えるものはできないという信念から、ワイン法により許されている収量まで取ろうとお考えでした。シャトーの立て直しと経営の安定が求められた時期においては正しい判断だったと思います。それでもリスクを取ってチャレンジするかは、畑のポテンシャルと、そのときどきのシャトーの経営状況も踏まえて判断をしていくことになります」

　椎名は、自らの考えを実行に移していった。ボーリング調査の結果に基づいて畑を一〇三区画に細分化し、ぶどうが完熟した最も良いタイミングでの収穫を徹底した。さらに同じ区画でも、日当たりや風通りによって完熟する日にちが違うこともある。それも分けて収穫するなど精度を高めていった。収穫量も、以前の平均より一〇パーセントほど減らした。

　そうした畑での努力と挑戦をワインに結実させるために、新たな設備投資も行った。

　そのひとつが、光学選果（カメラの画像解析での選果）機の導入だった。これまでも収穫の際、腐敗したぶどうを取り除く手作業での選果はしていた。収穫者が選果したぶどうをトラクターまで運ぶと、トラクター横に設置されたテーブルに八人が待機していて、そのぶどうをさらに選別する。

　ワインの味わいの八割はぶどうの質で決まるから、選果によってどれだけ腐敗果を落とせるかは、極めて大事な作業だ。

「ラグランジュでは一九八五年から、畑でこの選別をやってきました。当時のボルドーではここまで選果するという概念がまだなかったので、周囲からはそんな手間もコストもかかることをなんでやるんだ、と言われたようです。でもその後、ラグランジュの品質がぐっと上がったので、九〇年代に入ってから他のほとんどのシャトーでも取り入れるようになりました。いまではボルドーでも当たり前の作業です。ラグランジュがボルドーに新しい波を運んできたと言われる所以のひとつです。

　逆にその後、他のシャトーの多

くがベルトコンベア式の選果台を取り入れ始めたときには、我々はしばらく様子を見ていました。というのも、いずれ光学選果機のように機械化されたものが出ると見えていたので、単純にベルトコンベアの両側に人が並んで選果するだけだったら、畑のトラクター横での作業とは、さほど変わらないからです。ここは次の新しい技術が出た段階で投資をしようと決めていて、それがまさにこのタイミングだったわけです」

光学選果機は、形や色でぶどうを判別していく仕組みだ。醸造所に運ばれてきたぶどうは初めに、果梗（軸）から粒を外す除梗という作業を行う。

その果梗から外された果粒を、二台のカメラの下に高速で通す。カメラは、画像解析で丸い形のみを瞬時に選別するようにできている。たとえば茎がついていると細長い形になるので、それは弾かれていく。また糖度が満たないぶどうの色はピンクだったり青みがかったりしているため、完熟した濃い黒紫色の実だけが選ばれるというシステムだ。

二〇〇九年にまず一台投入してテストをしながら、二〇一二年の収穫時に二台目を購入し、現在は全量のぶどうを光学選果機に通せるようになった。

「ほんの少し残ってしまっている茎や、運ぶ際の圧力でつぶれた実などを取り除くことで、よりワインの味わいを洗練させることができます。しかし何よりのメリットは、選果の機械化により収穫のタイミングをぎりぎりまで待ち、そして一度収穫すると決めたら一気に収穫を進められるようになったことです。以前のようにすべて手作業だと時間がかかるので、雨が降った場合を考えると、完熟を待つのは大きなリスクだったからです。

また光学選果機で粒ごとに選果すると、たとえ雨のなかでの収穫でも、機械の振動によってぶどうの周囲についた水をふり落として仕込みができるのも利点です。以前の選果では、雨が降って房に水がつくと、どうしても味わいが薄まってしまっていたからです」

小型タンクで醸造設備を充実

また並行して着手したのが、発

酵タンクの小型化だった。ボーリング調査などによりラグランジュが持つ一一八ヘクタールの畑は、一〇三区画に分けられている。大きな区画、小さな区画があるので一概には言えないが、一区画につき平均一ヘクタールほどと考えればいいだろう。

「鈴田さんたちが植えたぶどうも、その頃には樹齢二〇年を超えていました。それくらいの樹齢になると、区画ごとのぶどうの味わいの個性が徐々に見え始めてきます。だからなるべくその個性を引き出してあげられるように小型タンクを使って、一区画一タンクでの仕込みにしたかったのです。そうすることで収穫のタイミングについても、この区画だけあと数日遅らせて完熟させようといった機動的な判断ができるようになりました。

また以前のようにいくつかの区画を合わせて仕込むとリスクが大きくなるというのもあります。少しでも腐敗したり、あまり良質ではなかったりするぶどうの区画が入ると、そのタンク全体の味わいが落ちてしまうからです」

こういったワインの醸造設備には、莫大な資金が必要となる。そのため椎名はまず、次の二〇年を見据えた五年の大きな投資計画を作成し、なるべく早く手を入れなければならない部分から優先順位をつけて着手した。たとえば小型タンクも二〇〇八年、二〇〇九年、二〇一一年と三期に分けながら、一〇〇基を超えるところまで少しずつ増やしていったのだ。

もうひとつの設備面での投資は、瓶詰機の更新だったが、これは小型タンク導入前の二〇〇七年に先行して済ませていた。ボルドーでは一部のグランクリュを除き、コストのかかる瓶詰ラインを自前で持つシャトーは少なく、その多くがトラックに搭載する移動式瓶詰機を活用している。しかしラグランジュは一九八五年にシャトーに瓶詰ラインを導入したので、椎名の着任時にはすでに更新のタイミングを迎えていた。まずはここから着手したのである。

鈴田とデュカスの時代に、椎名が行った改革まで踏み込むことができなかった大きな理由は、まだ機が熟していなかったからだ。買収後の一九八五年に鈴田たちが植え付けを行った畑はまだ樹齢が若く、本来の土壌のポテンシャルや個性を引き出せない状態にあった。

「ぶどうの木は、樹齢が二〇年を超えてようやく一人前になると言われます。でも、ラグランジュでワインづくりに携わった私の実感としてはそれでもまだ若い。本当に変わったと感じられたのは樹齢が三〇年を超えたあたりからです。事実、ラグランジュのワインは二〇一五年頃から評価がぐんと上がりました。さらに樹齢が三五年近くなったとき、タンニンの質がより複雑で滑らかな状態になって、我々が求めていた味わいになってきたと感じたのです。それが二〇一九〜二〇二〇年ヴィンテージあたりですね。現在は樹齢から考えると、いちばんいいタイミングに差し掛かっていると思います。

ただし樹齢とテロワールがすべてを解決してくれるわけではなく、格付けされたグランクリュ・シャトーというのはワインを磨いて、磨いて、磨き上げた最後のところで競っていると言えるほど、非常にレベルの高い争いをしているんです。だから選果や収穫のタイミングなど、ひとつひとつの小さな積み重ねが、ワインの最終的な評価に直結しているとも言えます。

以前、取材していただいた記事のなかで、レーシングカーのF1の競争と同じことをグランクリュのシャトーはやっているという表現がありました。わずか〇・一秒差をめぐって多くの人手をかけ、投資を行い、チームで競って、車を磨き上げていくあの作業が、ワインを磨き上げる工程と似ている、と。まさに的を射ていると思いました。だからつねに絶え間なく細かいブラッシュアップを重ねて、いかにテロワールの良さを最大限引き出すかを考え続けなければならないのです」

三〇代の社長と二〇代前半のナンバー二の誕生

椎名と共にラグランジュにとっての「創造の時代」を走り抜けたのが現社長のマティウ・ボルドとテクニカルディレクターで副社長のバンジャマン・ヴィマルである。

二〇〇六年からデュカス前社長の右腕としてシャトーに勤務してきたマティウは二〇一三年、社長に就任した。

「マティウは真面目で、かつウィットに富んだ人物で、ワインづくりにもじつに真摯に取り組むし、テイスティング能力も非常に高いです」

　と、椎名も絶対的な信頼を寄せる。そのマティウが社長になり、彼の後任を探すことになったときのことだった。

「すぐに募集をかけよう」

　と椎名が言うと、マティウはこう答えた。

「募集をかけなくても、いい人材が近くにいるよ」

「それは、誰かが紹介してくれるということか」

　するとマティウは「いやいや、すでにラグランジュにいるじゃないか」と主張した。

「初めは冗談かなと思ったんですが、彼は真顔で、『いま、研修に来ているバンジャマンがすごくいいんだよ』と言うんです。バンジャマンは大学を卒業する際の研修でラグランジュに来ていて、まだ学生でした。それで驚いて彼について調べたり、研修作業中に話しかけたりして、人間性や能力を確認しようとしました。また、研修で彼の指導を担当していた各部門の班長に彼の様子を聞いてみると、皆が口を揃えて『バンジャマンの意見はロジカルで、さまざまな改善を提案してくれるので、こっちが学ばされているよ』と舌を巻いていました。実際に研修開始の数カ月後には、長年働いていた年上の人や班長にまで、きちんと仕事の指示を出すほどでした」

　バンジャマンは、ワインをつくる能力もテイスティング能力も優秀だ。さらには組織としての働きもできるという、卓越した能力を併せ持つ若者だった。

　椎名とマティウは、バンジャマンを「何年かに一度の逸材」と互いに確信しあった。とはいえ、学生の研修生をいきなりナンバー二に抜擢採用するのには壁があった。

「私はマティウにちょっと待ってほしい、と言いました。やはり一度、募集をかけよう。そこでベストと思われる人と比べて、それでもバンジャマンがよければ、そのときは私が日本側を説得するよ、と話したんです。いかに逸材とは

ラグランジュの
創造の時代を担う
現社長マティウ・ボルド。

いえ、いきなり大卒の若者を自分たちの判断で幹部として雇った、というのは通らないですよ。そこはきちんとステップを踏み、日本サイドにも納得してもらわなければならないと思ったのです」

　そうやって募集した結果、二〇〇人ほどの応募があった。それは日本人が経営するラグランジュが、このボルドーの地にしっかりと根をおろし、周囲からも認められる存在になった証でもあった。

　応募してきたのは大学や大学院でワイン醸造学を修め、その後海外のワイナリーで豊富な経験を積むなどした三〇代前半の優秀な人物が多かった。現在、近隣の著名シャトーでディレクターに就任している人も、そのなかには含まれていた。

　そこから最終的には七人に絞り、さらにバンジャマンを加えて、椎名とマティウで面接を行った。最終的に、ふたりとも選んだのはやはりバンジャマンだった。

「もうそうなったら、あとは私が日本サイドの合意を得るだけです。正直に言うと、サントリーも冒険をしてくれたなと思います。当時、社長に抜擢したマティウが三九歳、ナンバー二になるバンジャマンが二三歳ですから。それは『やってみなはれ』というサントリーの精神があるからこそ承認してくれたのです。心からありがたいな、と感じました」

　この椎名、マティウ、バンジャマン体制はラグランジュに大きな成果をもたらした。彼らが二〇一三年から始めた改革が、確かなものとして結実したのは二〇一六年のことだった。目標としていたピンポイントに完熟した状態でぶどうを収穫することを、ほぼすべての区画で実現できたのである。特筆すべきは、八〇ヘクタールにおよぶカベルネ・ソーヴィニヨンを一〇月一七日から二四日にかけて、わずか一週間で収穫したことだ。これを成功させたポイントは三つある。

　まずひとつ目は、より完璧を目指したぶどうの栽培管理である。

「通常、カベルネ・ソーヴィニヨ

若き才能でラグランジュに
新たな息吹を与える
バンジャマン・ヴィマル。

ンの収穫は九月下旬から一〇月中旬です。二〇一六年は冷涼な気候だったため、かなり遅い摘み取りとなりました。ぶどうが完熟するのを一〇月下旬まで待つとなると、より大事になるのが夏場の管理です。病気のない、健全なぶどうでなければ、待つことは不可能だからです」

　ふたつ目は最大の難関でもある、完熟のタイミングに合わせた収穫者の確保だった。椎名が来るまでラグランジュでは、出稼ぎに来る季節労働者に頼っていた。その場合、ぶどうを摘んでも摘まなくても、契約した期間は毎日給与を払う必要がある。人件費を無駄にしないよう、たとえ雨が降っても収穫せざるを得ないことも多かった。それを椎名は変えたいと考えていた。働き手を、出稼ぎからボルドー近郊の住人主体に切り替え、完熟のタイミングに合わせて柔軟に対応できるようにしようという動きが、すでに始まっていた。

　その状況をさらに改善させるために、バンジャマンが行ったのは、人材派遣会社の活用、そしてベルギーの農業学校と契約し、生徒たちが二週間泊まり込みで収穫に従事してくれるトライアル、さらに近隣住民やポルトガルからの出稼ぎ者による精鋭部隊の活用を組み合わせた仕組みの構築である。それにより、ぶどうの分析や、実際に食味することで種まで生理的な成熟がきちんとできていると感じたら、「明日摘み取ろう」と判断し、一気に収穫する体制が整った。

　三つ目のポイントである、フレキシブルな醸造体制への目配りも抜かりはなかった。ぶどうの収穫は全体で三週間ほどかけて行うため、摘んだばかりのぶどうを選果し、タンクに入れる作業をすると

実りの秋。
一房ずつ丁寧にぶどうを収穫する。

同時に、それ以前に収穫してすでに仕込んでいるワインのルモンタージュもやらねばならない。ルモンタージュはタンクの下部からワインを抜き出してタンクの上部に流し入れて、表面に浮いたぶどうの皮や種などの果帽を沈め、色素やタンニンの抽出を促す作業だ。それをタンクごとに一日に二、三回はする必要がある。そういった作業すべてを同時並行で行う醸造所での作業は、まさに戦闘態勢とでも言いたくなるような状況だ。

「とりわけ一一八ヘクタールというグランクリュで四番目の大きさの畑を持つラグランジュでは、どのタイミングで、どこに人を配置するかという要員管理が大事になってきます。収穫をフレキシブルにするには、付随する醸造作業もフレキシブルな体制とし、しかもミスなく行う必要があります。バンジャマンはまずスタッフの業務見直しと再編、そして作業シフトの構築に取りかかりました。必要に応じてITを駆使することで無駄なくスムーズに、機能的にすべての仕事が行われるよう仕組みを構築しました。畑を細分化して完熟状態で摘み、小型のタンクに分けて仕込むという我々の意図が、それによりきちんと成果として表れるようになったのです」

そういった緻密な仕事によりつくられた二〇一六年は、ラグランジュにとってまさにエポックメイキングなヴィンテージとなった。

「収穫直前に食味したぶどうの質感から、私は我々の二〇一六年のワインは世紀のヴィンテージになると確信していました。事実、ワイン専門誌やジャーナリストなどの評価も、二〇一六年から飛躍的に上がったのです」

そう話す椎名が、「二〇一六年と同等か、それを超えたという感触」を持ったのが、温暖な気候ながら日較差（一日のなかの最高気温と最低気温の差）もあった二〇一九年ヴィンテージだった。

その理由はいくつかある。ぶどう畑の区間の細分化をさらに進めたこと。そしてぶどうの収量が自然に落ちたこと。この年は軽度ながら、開花期に花が咲いても受粉がうまくいかない花ぶるいが起きて、ぶどうの粒や実が例年より少なくなった。さらに温暖化により乾燥して雨も少なく、ぶどうは小粒で果皮の厚い締まった実となった。

　また、ぶどう全体の樹齢も上がってきており、特にシャトーものの平均樹齢は四五年にまで達していた。ヴィエイユ・ヴィーニュと呼ばれる古木のぶどうの実は全体的に粒が小さく、味わいにも凝縮感と複雑さが出る。

「そういった好条件を生かそうと、シャトーものに使うワインの量もかなり抑えました。年によりシャトーものに使うワインの割合は通常は三五から五〇パーセントの間ですが、この年は歴代のなかでも最も低い三分の一まで絞りました。以前にもそれ以上に絞った年はありますが、樹齢が上がり、かつ完熟した状態で収穫した二〇一九年のような年ではインパクトが違います。つまり、エッセンス中のエッセンスのみを選んだのです」

　さらにアッサンブラージュをした結果、カベルネ・ソーヴィニヨンの比率が初めて八〇パーセントに達する記念すべき年となった。その結果、二〇一九年は果実の凝縮感に加えて、より複雑さと深みに満ちた品格のある味わいに仕上がった。

「二〇一九年がラグランジュの完成形ではないですし、さらに進化を続けていくことに疑いの余地はありません。ただ私のなかでは、いま自分たちにできうるひとつの到達点に辿り着いた、という感慨に包まれました。着任以来追求してきた、区画ごとにピンポイントに完熟した状態で収穫し、一気に仕込める体制が整ったことは、ラグランジュにとって大きな財産だからです。飛躍の準備は整ったと思います。

　この二〇一六年と二〇一九年の本当の意味での評価が定まり、ポテンシャルが明らかになるのは一〇年後か、あるいは二〇年後でしょう。いずれ歴史が判断してくれることになる。その時点で、これらがラグランジュの歴史のなかでエポックメイキングな年だったと評価されるとしたら、そのとき私は、マティウとバンジャマンと共にささやかな祝杯をあげたいと思っています」

　ワインづくりというのは、すぐに結果が表れる仕事ではない。鈴田とデュカスが腐心したことが椎名の時代に大きく開花したように、次の世代にタスキを託すためにも、椎名たちはさらなる高みを目指してつねに前進してきた。

「我々は一五〇年の歴史を誇る『格付け』という厳しい審査を受けながら、グランクリュ三級の畑から生み出されるワインを磨き続けなければなりません。品質第一というサントリーのフィロソフィを生かしつつ、長期的に、鳥瞰の視点で物事を見ることが大切です。そういうワインづくりを続けて、現地にタスキを置いてきました」

二〇二〇年、椎名は一六年にわたるボルドー生活を終え、日本へ帰国した。そしてラグランジュのタスキは、三代目の桜井楽生へと託された。

日本で西欧の知見を生かす

椎名は現在、サントリー(株)のワイン部門でチーフエノロジストとして、欧州のワインづくりで培った知見を生かし、次世代のつくり手たちと共に世界で通用する高品質な日本ワインの創出に情熱を注いでいる。

その舞台のひとつ、サントリー登美の丘ワイナリーは一〇〇年余りの歴史を持つ。標高四〇〇～六〇〇メートルの位置にあり、富士山や甲府盆地を望むその景色により、登って美しい「登美の丘」と呼ばれ、ワイナリーの名前の由来となっている。

登美の丘は、富士山や南アルプス・甲斐駒ヶ岳、八ヶ岳など周りを高い山々に囲まれているため山梨県のなかでも雨の少ない地だ。また、畑が南向き斜面に広がっているので日当たりもよく、ぶどうの熟度も高まる。その一方、標高が高く冷涼で、収穫期の昼夜の気温差は一〇℃以上にもなる。ぶどう栽培には理想的と言える環境だ。

「サントリーでは二〇一七年からMBCプロジェクトが始まっていました。MBCとはものづくり、ブランド、カルチャーの頭文字をとったもので、ものづくりからのブランド・文化構築を目指す社内プロジェクトです。私が日本に戻ってきたときはワインづくりでもMBCを強化していこうというタイミングでした。そういった状況のなかで私に求められていることは何かを真剣に考えました。単なる品質向上ではなく、『ものづくりを起点としてブランド・文化構築を目指す』に込められた覚悟を感じたからです。一口によいワインをつくる、と言っても、どのレベルを目指すかでアプローチの方法はまったく違います。私に求められていることは、テロワールがどのようにグランヴァンと称される偉大なワインへとつながるのか、その真髄を伝えていくことではないかと考えました。

つくり手は、ワインを語るときにテロワールという言葉はよく使いますし、みんな頭では理解しています。でも実際、土壌のポテンシャルを生かしつつどういうワインをつくりたいかをイメージし、実際にグランヴァンをつくることができるかは経験知によるところが大きいのです。日本ワインの次代を担うスタッフには、畑やセラーで私と一緒の時間を過ごすことで、それを感じて、自分なりに理解し

名前の由来にもなった登美の丘ワイナリーからの美しい眺望。

てもらいたいと考えています」

　椎名のアドバイスのもと、登美の丘ワイナリーで栽培責任者を務めるのが大山弘平だ。大山は二〇〇五年サントリーに入社。二〇一一年から新潟県上越市にある岩の原葡萄園、その後、長野県の塩尻や立科でぶどう栽培に携わり、二〇一九年に登美の丘へとやってきた。

　ここにはカベルネ・ソーヴィニヨン、メルロ、プティ・ヴェルドなどの赤ワイン用品種が植えられている。まさに椎名がラグランジュで多くの経験を積んできたぶどう品種だ。

　なかでも、椎名と大山が力を入れるのがプティ・ヴェルドだ。ボルドーではカベルネ・ソーヴィニヨンに注力した椎名だが、なぜこ

こではプティ・ヴェルドなのか。その理由をこう語る。

「プティ・ヴェルドは、海外ではメインとしてではなく、補助品種として使われることが多いぶどう品種です。ただ、欧州に比べて暑く、雨量も多い日本の気候にも耐性があり、ぶどうがしっかりと熟して黒紫色に着色してくれます。地球温暖化のなかで、山梨ではカベルネ・ソーヴィニヨンやメルロなど一部の欧州系品種の栽培が難しくなってきていますが、プティ・ヴェルドは温暖化にも順応してくれる。何よりも山梨のプティ・ヴェルドには、ボルドーとは違った個性の魅力があると感じたのです。

　タンニンの強さや粗さ、豊富な酸など、プティ・ヴェルドが持つこのような要素は、ボルドーや乾燥する海外の産地ではネガティブになりがちです。でも逆に登美の丘のテロワールでは、適度な強さが味わいの構成要素を大きくしてくれて、少し磨けば世界と戦える武器になるというポテンシャルを感じたんですね。鍵は、粗さを抑えるだけでなく、優美さや複雑さをどう引き出せるかだと思います。マルベックというぶどう品種がフランスで誕生してアルゼンチンワインで花開いたように、日本の登美の丘のテロワールでつくったら、世界を唸らすプティ・ヴェルドができたという実例をつくれるのではないか。そう思ってこの数年、力を入れてきました」

　現在はぶどう畑が二五ヘクタールあるが、植えられている赤ワイン用ぶどう品種のうち、栽培面積が最も大きいのがプティ・ヴェルドである。

　そのプティ・ヴェルドで良質なワインをつくるために椎名はボルドー時代と同じように、土壌調査

色付き始めたプティ・ヴェルド。陽光を受けて美しく輝く。

着実に進化し、
品質評価が高まる
登美の丘ワイナリーのワイン。

に着手した。地下二メートルまで土を掘り、地中の水の流れなどを調べ、複雑な地形と照らし合わせながら、およそ五〇に細分化されている畑の各区画を、さらに詳細に把握していこうという試みである。登美の丘ならではの土地の個性を最大限引き出すために、区画を細分化した収穫を行うと共に、将来に向けた布石として最適な場所に最適なぶどう品種を植える取り組みが始まっている。

「たとえば七〇アールという小さな一区画でも、いまは完熟のタイミングによって三回に分けて収穫しています。斜面下部は早く熟すなど、微妙な土壌の差や日当たり、風向きによっても完熟する日が違うからです」

　大山はこう話す。まさに、椎名がラグランジュで手がけてきたこと同様のぶどう栽培がここ登美の丘でも行われていることになる。そのぶどうを醸造する担当者が、吉野弘道だ。

　吉野はフランス・ブルゴーニュ地方の専門学校でぶどう栽培やワイン醸造を学び、卒業後は同じ山梨県にある別のワイナリーで三年働いた。サントリーには二〇一一年から籍を置いている。彼はこう話す。

「畑を細分化したので、その区画の数だけタンクも揃えました。同じ区画でも熟度により二～三回に分けて収穫する場合は、それも別々に仕込みます。温度管理もできる高性能なタンクです」

　その結果、二〇二〇年には初めてプティ・ヴェルドを一〇〇パーセント使った「登美の丘　プティ・ヴェルド」が誕生した。飲んでみると黒色系の果実や黒コショウの香り、きめが細かく豊かなタンニンと酸があり、複雑ながら深みもあり、まさに登美の丘のテロワールを映し出すことに成功した一本だ。だが、椎名はこれは登美の丘のテロワールでプティ・ヴェルドが表現できるポテンシャルの一部を示しているだけで、まだまだやれることがあるという。

「山梨県がプティ・ヴェルドの系統を選別して、現在は三つのクローンがあります。G7V1というニュージーランド系、それに1058と400というフランス系です。ボルドーではこの土壌ならこのクローンとこの台木がいいという基本的な情報が蓄積・公開されていて、さらにその先を行く取り組みも行われています。日本ではそういった蓄積された情報が不足していますが、いずれ登美の丘でもそのレベルまで踏み込みたいと思っています。ただ、それ以前に必要なのは細かい栽培面での改善の積み重ねで、一昨年、昨年と品質は着実に向上してきています。まずできる挑戦を継続しながら、そこで蓄積された情報をもとに、改植や抜本的な土壌改善のような長期的な布石を打っていければ、日本ワインが世界に評価される可能性は十分あると思っています」

その椎名に対しては、大山も吉野も異口同音に「椎名さんは品質に厳しい」と言う。だが、共に働くなかでいつも忌憚なく椎名に質問をぶつけ、彼の経験や知見をつかみ取ろうというまっすぐな姿勢が見える。

「私がこのミッションをいただいたときに考えたのは、なるべく自

椎名と共に日本の地から世界基準の品質を目指す大山（左）と吉野（右）。

収穫のときを待つプティ・ヴェルド。

分からは介入しないようにしようということでした。フランスのことわざに『馬を水飲み場に連れて行くことはできても、無理に水を飲ませることはできない』というのがあります。自分たちが知りたい、聞きたいと思うことが大切なので、私からの押し付けには決してならないように気を付けています。とはいえ大山や吉野、それに登美の丘のメンバーは、わからないこと、知りたいことは素直に問い掛けてくれます。自尊心や遠慮から他人に聞けない日本人も多いので、それはとても大事なことですね。そうするとこちらも自然と一歩踏み込んで、少し厳しいことも言おうか、という感じになります。このチーム全体がチャレンジ精神旺盛ですし、アクティブに、真摯にワインづくりに向き合っているので、彼らにはすごく期待しています」

　最終的な目標は一〇年後、二〇年後に世界の人々に認められるワインをつくることだ。

「現在もすでに、日本らしいワインという意味ではいいものができていると思います。特にここ一〜二年は階段をかけ上がるように品質も向上してきて、世界的なワインコンクールで我々のワインが入賞することも増えてきました。でも、もっともっと上を目指さなくてはいけません。『日本らしくていいよね』で満足すると、そこで成長が止まってしまう。本当のグランヴァンは、すでに確固たる評価を得ているので、コンクールに出て賞を獲る必要もないですし、違う次元に存在しているからです。究極の目標は、登美の丘のワインが日本の最高峰となり、世界と肩を並べると言われることですが、ラグランジュでさえ四〇年かかってようやく飛躍の準備が整うほど、ワインづくりとは長期的な努力の積み重ねが求められるものです。だからそこに目標を置きながら、ひとつひとつのステージを確実に上げていきたいと考えています」

　次世代へのタスキはラグランジュに限らず、ここ日本でもまた継承されているのである。

買収から四〇年を迎えたいま、
先人たちの築いた礎と想いを引き継いで、
世界最高品質のワインづくりを
追求していく。

第4章
そして挑戦は続く

副社長 桜井楽生が語る
シャトー ラグランジュの現在と未来

ワインづくりへの憧憬

桜井楽生が椎名の後任として、シャトー ラグランジュの副社長に就任したのは二〇二〇年のことである。

桜井は二〇〇〇年サントリーに入社。そのときすでに、ラグランジュでワインをつくりたいとの希望を持っていた。ワインとの邂逅は、中学生のときだった。

「当時、父がドイツワインのマドンナを飲んでいたのを覚えています。私は隣でワインの香りを楽しんでいました。その後、大学時代に、友人がフレンチレストランでアルバイトをしていたことが縁で、ワインを知りたいと思うようになりました。サントリーのチーフブレンダーを長年務められ、ジャパニーズウイスキーの地位を世界レベルにまで押し上げた輿水精一さんに憧れて、自分はそれをワインでやりたい、と。人生を賭けて品質を追求する仕事がしたい、ボルドーの五大シャトーに匹敵する世界最高峰のワインづくりに挑戦したい、との想いが強くなっていきました」

サントリーに入社する直前の二〇〇〇年三月、桜井は初めてラグランジュを訪れている。

「入社が決まり、大学院を卒業する直前、私のラグランジュへの熱い想いを知った人事部の先輩が、特別に訪問のチャンスをつくってくれたのです。まだ学生だったのでリュックを背負ってボルドー市内からバスに乗り、ベイシュヴェル村で降りて、そこから四キロメートルほど歩いてシャトーまで行きました。そのとき初めて鈴田さんと会ったのです。心が弾むような思い出です」

入社後は、二〇〇九年まで清涼飲料や缶チューハイの商品開発に携わった。鈴田は二〇〇五年ボルドーから日本へ帰国。だがその後も、桜井は出張で東京へ行くたびに鈴田と昼食を共にするなど、交流が続いた。

「当時、私はまだワインをつくったことがなかったので、ワインづくりに関する話というのは、ほとんどありませんでした。でも、そんななかで鈴田さんは食事にも付き合ってくださったし、かわいがっていただけたと思います。私も鈴田さんに遠慮することなく、連絡していました」

世界の頂点に君臨するワインとは、どのようなものか。その味わいや価値を知る必要があると、ボルドーやブルゴーニュの高級ワインを中心に自腹を切ることも厭わず、努めて飲んだ。ワインの奥深い世界に触れるたび、ますますワインに魅了された。その頃、ボルドーにも機会があれば足を運んでいる。

「あるとき、東京のイベントで、メドック・グランクリュでいち早くビオディナミ※に挑戦したシャトーポンテ・カネのオーナー、テスロン氏と会ったんです。ワインづくりがしたいと打ち明けたところ、『収穫期に来ないか』と言ってくれたので、九月を迎えると躊躇なく連絡しました。それで二〇〇七年と二〇〇八年は各二週間、収穫と醸造を手伝わせてもらったんです。栽培醸造責任者のジャン・ミッシェルから多くのことを教えてもらいましたし、テスロン夫妻とはシャトーで朝食や夕食も一緒にとり、さまざまなことを話しました」

二〇〇九年から、社内でも念願のワインの仕事に携わるようになる。サントリー登美の丘ワイナリーの醸造責任者となり、そこで三年間を過ごした。やがてサントリーがボルドー大学へ定期的に技術者を派遣していたその要員として、選抜されることになる。

二〇一二年からの三年間は、ボルドー大学のフィリップ・ダリエ教授の研究室で派遣研究員として働いた。一九八〇年代、当時飛躍的に性能が向上したガス・クロマトグラフィーという装置を駆使し、ワインの香りの研究で醸造学の発展に多大なる功績を残した醸造学会の権威である。この頃には、以前からラグランジュを訪れるたびに面会していた椎名の家にも呼ばれ、共に食事をするなどより深い交流を持った。椎名がラグランジュでどのような仕事をしているかを聞く機会も得た。

そして帰国後の二〇一五年からはワイン生産研究本部で、日本ワインと国産ワインの生産管理の業務に就いた。

「ボルドー大学でワイン醸造学の研究員になって以降は、自分の生涯を賭けて世界最高峰のワインをつ

※ ビオディナミ
畑を取り巻く生態系を重視し、天体の位置関係も含め、土壌やぶどうの樹に自然本来の力を引き出そうとする農法。

くりたいという想いは、より高まっていきました。でもあの頃は、まさか自分がラグランジュで働けるとは思っていなかったので、会社を辞めて海外のワイナリーに行こうかと真剣に考えたこともありました」

そのような仕事を経て二〇二〇年、ついに入社前からの夢が叶い、ラグランジュの副社長に就任したのである。

世界から高評価を受けるワイン

桜井が副社長に就任した頃、ラグランジュのワインはすでに世界のソムリエやワイン専門誌から高い評価を得る存在となっていた。買収から四〇年の歳月を経て、ラグランジュはその高品質で、ボルドー・サンジュリアンのテロワールを映した味わいが広く認められ、まさに充実のときを迎えていたのである。

イギリスのワイン誌「デカンター」で二〇年以上にわたり記事を書き、現在はジャーナリストとして活躍するジェーン・アンソンは、二〇二二年に試飲したボルドー・メドック地区のトップ五のひとつに、ラグランジュ二〇一六を選んでいる。

さらにアメリカの「ワインアドヴォケイト」という権威あるワイン評価誌も二〇一六年、二〇一八年、二〇一九年に一〇〇点満点中の九五点をラグランジュにつけるなど近年、世界での評価は高まり続けている。

ソムリエの岩田渉氏も、現在のラグランジュを絶賛するひとりだ。岩田氏は二〇二三年、フランス・パリで開催された「A.S.I. 世界最優秀ソムリエコンクール」にてセミファイナリストに選出され、世界第五位という素晴らしい成績を収めた、いま日本で最も注目されるソムリエのひとりである。岩田氏はこう語る。

「近年のラグランジュはボルドーらしい風格がありながら、精緻なワインをつくり出すことに成功しています。とりわけ二〇一五年以降のワインは完熟し

た良質なぶどう由来の果実感とシルキーなタンニンが調和し、そこに生産者の哲学がはっきりと表現されている。偉大なワインと呼ぶにふさわしいものです」

　桜井は、鈴田、椎名という先人たちの改革と努力があってラグランジュが高く評価されていることを強く実感している。

「ぶどうを新たに植えられた鈴田さんたちの名門復活に向けた時代があり、そのぶどうを使って緻密なワインづくりへと挑戦した椎名さんの時代がありました。そうやって先輩方が次の世代へとタスキを託し、テロワールとヴィンテージを映し出す最高のワインをつくろうと努力し続けてきた結果がいま、こうやって花開いているのです。これまで技術と情熱を注ぎ続けてきてくださった先輩方には、感謝の気持ちで一杯です」

　一九八五〜八八年にかけて、サントリーから派遣された初代副会長・鈴田健二と社長に任命されたマルセル・デュカスは、一ヘクタールあたり九〇〇〇本、約六〇ヘクタールで実に五〇万本以上を植樹し

た。前オーナーの時代にはメルロが多く植えられていたが、ラグランジュのテロワールにはカベルネ・ソーヴィニヨンが最適だと見抜き、それを高い割合で植樹したのだ。

その後、鈴田からタスキを託された椎名敬一は、さらなる高みを目指して、多くの改革を進めた。テロワールのポテンシャルを最大限に引き出すため、二〇〇八年からぶどう畑の土壌・土質調査をスタート。その調査結果や畑づくりの経験を生かして、一一八ヘクタールの畑を一〇三の細かい区画に分けて管理した。

それによって、より小さな区画ごとに、ぶどうが完熟した最適な日に合わせて収穫することが可能となった。そして、区画ごとに発酵・醸造を一貫して行い、最後に一〇〇種類近いワインのテイスティングを経てブレンドの配合比率などを決める。やるべきことを細やかに愚直にやり切ることにより、ラグランジュのワインの品質は、飛躍的に向上していったのだ。

そんな歴史を持つラグランジュのワインのなかで、ベストなヴィンテージを挙げるとすれば二〇〇九年、二〇一六年、二〇一九年、二〇二二年は必ず入るだろうと桜井は話す。

いずれも天候に恵まれた年であり、晩熟で知られるカベルネ・ソーヴィニヨンが十分に完熟した年である。買収後に植えたカベルネ・ソーヴィニヨンの樹齢上昇や、近年の温暖化といった気候条件などさまざまな変化により、ファーストワインにブレンドするカベルネ・ソーヴィニヨンの比率が高まったことが、近年のワインの品質向上に大きな影響を与えた。

「たとえば、九〇年代を代表するヴィンテージである一九九六年は、カベルネ・ソーヴィニヨン五七パーセント、メルロ三六パーセント、プティ・ヴェルドが七パーセントです。優しい味わいのメルロの比率が高いので、強い骨格を求めて、若いプティ・ヴェルドを比較的多くブレンドしていました。当時制約のあるなかで苦労した跡が見て取れますが、そのワインはいま飲んでも素晴らしい。いかに当時の人たちが限られた条件のなかでベストを尽くしたのかというのがわかります。

その一〇年後である二〇〇六年のワインも、まだカベルネ・ソーヴィニヨンの比率は六〇パーセント程度に過ぎません。カベルネ・ソーヴィニヨンの樹齢が上がり、その割合が安定して七〇パーセントを超えるようになったのは二〇〇八年以降のことです。その後ますます樹齢が上昇し、素晴らしいぶどうが安定して獲れるようになったので、比率はさらに高まっていきました」

そして初めてカベルネ・ソーヴィニヨンの比率が八〇パーセントに達したのは、ちょうどサントリーの創業一二〇周年にあたる二〇一九年のことだった。

「ワインづくりは天地人とよく言いますが、天地人のなかでも最も大事なのは、よいテロワールとその力を引き出すぶどうの木です。私たちがワインをつくり始めた一九八三年の頃は、周囲のシャトーなら当たり前に持っている高樹齢のぶどうの木がない状態でした。だから当時はテロワールの力を一〇〇パーセント引き出すことができなかった。でもいまは、鈴田さんたちが植えたカベルネ・ソーヴィニヨンの樹齢が約四〇年を迎えて、この素晴らしいテロワールの力を十分に発揮するための条件が整ったのです」

ラグランジュのなかで最も良い畑は約六〇〜七〇万年前のギュンツ氷河期の土壌からなる。石がごろごろとあり、水はけがよく、窒素などの栄養分も少ない。水分と栄養が少ないところで適度にストレスがかかると、小さな粒のカベルネ・ソーヴィニヨンができる。香りの成分は果皮に多く含まれるので、粒が小さく、果皮量の多いぶどうが理想的なのだ。そういった土壌に、樹齢四〇年という古木の条件が重なり、より高品質のぶどうが獲れるようになった。

また、気候の温暖化の恩恵もある。これはメドック全体に言えることだが、以前は一〇年のうち二〜三年しかカベルネ・ソーヴィニヨンが完熟しなかったが、昨今の温暖化により熟しやすくなった。

そういった多くの変化により、ラグランジュのワインにいま見事に表現されているのがサンジュリアンのテロワールだ。サンジュリアンのワインはポーイヤックの力強さと、マルゴーのエレガンスを兼ね備えたものと高く評価されている。強さと上品さを併せ持つ稀有なその魅力を、ラグランジュのワインこそが具現化して見せているのだ。

「いまから三〇年前にボルドー大学へ留学していた先輩から、世界的に有名なデュブルデュー教授が『サンジュリアンを理解したかったら、ラグランジュを飲みなさい』と授業で言っていたと聞きました。それを聞いたときは、『本当だろうか』と思いました。でも、私がボルドー大学にいた二〇一五年に、デュブルデュー教授からまったく同じ言葉を聞いたのです。確かに、ラグランジュのワインはどのヴィンテージを飲んでも一貫した上品さがあり、『サンジュリアンの典型』と言うのにふさわしいと思います。私たちのテロワールと、フィロソフィから生まれる個性を評価してくださる人たちが世界中に増えていて、そういった皆さんの言葉をとてもありがたく思っています。

それだけにお客様の信頼と期待をさらに上回る高品質なワインをつくり続けていきたい。将来のためにも一年ずつ、とにかく毎年やれることをやり切る、

という気持ちです」

買収から四〇年間、ラグランジュはつねにテロワールと向き合い、真摯なワインづくりを心がけてきたことは事実だ。たとえば市場が一時的に求める「売れる」ためのワインには決して左右されることはなかった。

「ラグランジュを買収した当時から現在まで、我々の信念はまったく変わっていません。その中心にあるのは『クオリティファースト』です。この素晴らしいサンジュリアンのテロワールとヴィンテージをワインに映し出し、感動を与える最高品質のワインをつくろうと、長年目標をぶらさずに取り組んできました。たとえば著名なワイン評論家の声が絶対的だった九〇年代～二〇〇〇年代中頃にも、タンニンの抽出を強くしたり、新樽を多くしたりして彼らに受けるような濃くて強くてパワフルなワインにはしませんでした。そういうものに惑わされず、自分たちのテロワールと向き合い、その良さを引き出すためのワインづくりに徹してきたのです。あの時代は、いつも低い点を取っていましたけれどね（笑）」

従業員による地道な畑の管理が、
高品質なワインづくりの基礎となる。

それはサントリーの企業精神とも共通している。一九八三年、サントリーがラグランジュを買収したとき、当時の社長である佐治敬三が指示したのは、ただひとつ、「最高の品質のワインをつくれ」ということである。短期的な利益や見返りを一切求めずに投資を指示したのだ。

「サントリーはメーカーであり、長期的なビジョンを持ったファミリー企業です。そういう会社がオーナーであるというのは、非常に大きいと思います。たとえ経営状況が厳しいときでも、将来の品質向上のための設備投資を続けてきましたし、ぶどうの収穫量が少ないときも多いときも、ラグランジュは決してファーストワインを安易に増やすことはありませんでした。オーナーがワインの歴史や文化に精通していると共に、この類のビジネスにおいて品質が何よりも重要であるという信念を持っているからです。

サントリーはウイスキーやビールなど他のカテゴリーの製品でも品質最優先という姿勢を貫いてきましたし、決して短期的な利益のために動くことはありません。私はボルドーの地で、いつもビジネスパートナーやお客様にそう説明していますし、それに対する周囲からの信頼は揺るぎないものであると実感しています。四〇年間、変わることのない私たちのビジョンは、一二〇年以上の歴史を持つサントリーにおいて、創業者である鳥井信治郎から脈々と引き継がれてきた大切な価値観でもあります。今後は五〇周年、そして一〇〇周年に向けた新たなステージに入りますが、私たちはこれまでと変わらず同じ姿勢でワインをつくり続けていきます」

テロワールを信じて高みを目指す

桜井がラグランジュに着任してから、現在約三年半が経つ。ここでの日々は、朝五時半の起床に始まる。まずスマートフォンで、寝ている間に日本から来た数十件のメールすべてに目を通す。朝食を済ませたら、ボルドー市街から車で一時間ほどかけてラグランジュへ。八時頃に到着すると、時差もあるため午前中は日本とのリモート会議やメールのやり取りに費やす。

午後はフランスの取引先やシャトーのスタッフと話し、ぶどう畑や樽熟庫へと足を運ぶ。サントリーは現地の文化や習慣を尊重するというのが大前提のため、日本人駐在員は副社長であり技術者でもある桜井ひとり。親会社だからといって駐在員を増やすことはない。桜井が運転するのもフランスの車だ。

そして夜、一九時頃まで働いて帰宅したら、夕食をとって、子どもに本を読み寝かしつける。それから再び仕事をして、就寝するという毎日だ。

「他に趣味と言えるようなものも何もなくて、もう寝ても覚めてもワインです。憑り付かれてしまったんですよ、ワインに。でも真剣に、ワインに人生を賭けてますから」

そう言って、笑った。

クルチエやネゴシアン、ジャーナリストや客人とのビジネスランチは、プリムールの披露前や収穫期の九〜一一月は特に盛んとなり、週に三〜四回は行われる。プリムールのテイスティングが開催されるのは毎年四月。樽熟成が始まってわずか半年程度しか経過していない時期に、世界のバイヤーに披露される。ボルドーでは伝統的に、樽熟成中のワインの大半を、このタイミングで予約販売するのだ。

コロナ禍で行われていなかったこのプリムールという一大イベントも、二〇二二年は三年ぶりに開催された。サンジュリアン村の試飲はここラグランジュで行われ、コロナ禍前には及ばなかったものの世界から四〇〇〇人を超える人々が集まった。

「コロナ禍前は、ボルドーワインは古いとか、画一的で面白くない、というボルドーバッシングのような風潮がありました。でもコロナ禍で多くの人が自宅セラーのワインを消費した結果、ワイン愛好家もプロフェッショナルも、長期熟成に耐えるボルドーの魅力を再発見した人が多かったようです。ボルドーの高級ワインの取引は、二〇二一年から急激な右肩上がりとなりました。ラグランジュも貴重な在庫がずいぶん減ってしまいました。

コロナ禍で時間があったことで、自分自身も改めてグランクリュのワインの品質について深く考えることができました。それから社長のマティウ・ボルドとテクニカルディレクターのバンジャマン・ヴィマルともより多くの話し合いの機会を持つことができました。私たちは、究極のタンニンの質を追い求めています。ワインをテイスティングしながら、味わいについて何度も意見交換することで、私たちはより具体的に共通の目標品質を頭のなかに持つことができました。味わいは言葉だけでは表現しきれません。実際にワインを評価しながら、たくさん議論することが非常に重要なのです」

ラグランジュの個性は、この経営トップ三人が技術者であるという点も非常に大きい。科学的、技術的な知識を携えたワインの醸造技術管理士の資格を持つ人をフランス語でエノログというが、三人ともこの資格を保有しており、現場経験も十分に積んでいる。

「現場の第一線でワインをつくる技能を持ったエノログが、ひとつのシャトー内で三人も経営陣に名を連ねているグランクリュというのは、他に聞いたことがありません。これは、サントリーが品質を重視する姿勢の表れであり、ラグランジュの大きな強みだと思います」

シャトー ラグランジュのテイスティングルーム。

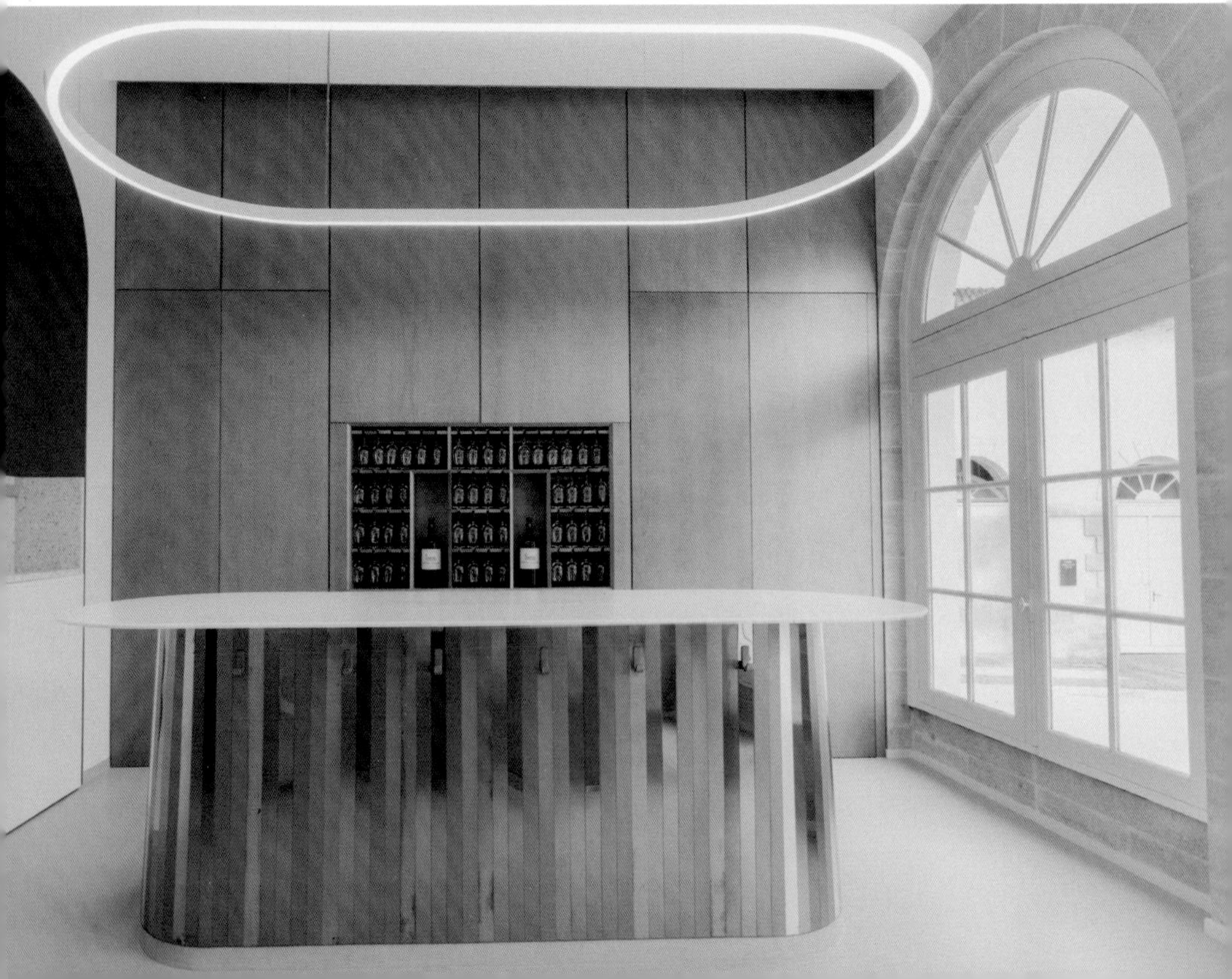

マティウは二〇〇六年にテクニカルディレクターとしてラグランジュで働き始めて、二〇一三年に社長就任。つまりもう一五年以上、ラグランジュの品質向上に力を尽くしてきたことになる。バンジャマンはもともとは学生の頃に研修生としてやってきたが、あまりに優秀だったことから、そのままテクニカルディレクターに抜擢された。バンジャマンはまだ三〇代前半という若さだ。彼らはまさに生粋のワインメーカーであり、その人たち自身が経営にも参画しているというのは確かにグランクリュのなかでも稀有と言えるだろう。

「この三年間、社長のマティウはもちろん、従業員たちとも信頼関係を築いてきました。いま私は、ラグランジュで大きな夢を掲げ、みんなを鼓舞してそれを達成することに大きなやりがいを持っています。私はもともと夢を掲げて皆でそこを目指していくというのが好きだし、そういう場面で自分の長所が発揮できるとも思っているんです。子どもの頃は祖父母や親戚と一緒に暮らしていて、一一人の大家族でした。スポーツ少年で、野球やサッカーに熱中したり、大学ではアメリカンフットボール部にも在籍していました。体があまり大きくなかったので大学の途中でアメフトはやめましたが、そういうのもあって集団で活動し、夢を追うというのは、自分には合っているんです」

では現在のラグランジュにおいて、チームで追う大きな夢とは、具体的に何なのだろうか。

「マティウと私は、本気でラグランジュのテロワールがメドックのトップ一〇に入るポテンシャルを持っていると考えています。だから必ず、一級シャトーに匹敵するようなワインがつくれると信じているんです。私たちは技術者の夢として世界最高のワインをつくりたいし、ここのテロワールなら必ずつくれるはずだ、と。私たちは三歳差で、人生の残り時間もほぼ同じ。生きている間に必ずその目標を達成したい。そのためにいまできることを全力でやろうという意識は、共通しています」

サステナブルなワインづくり

そのような現在のラグランジュにおいて、力を入れているのがサステナブルなワインづくりだ。

「サントリーの企業理念に『人と自然と響きあう』があります。サントリーの事業活動の源は、自然の恵みです。私たちのすべての製品は、健全で持続可能な自然環境があるからこそ、つくり続けていくことができます。その自然の恵みに感謝し、生態系が健全に機能するよう力を尽くす。そしてそれぞれの事業活動を通じて、自然環境の持続可能性を保ち、人々の生活に豊かな生活文化を提供していくことが大切ということです」

じつはあまり知られていないが、ラグランジュは九〇年代から早くも、サステナブルな活動について積極的に取り組んできた。

ラグランジュはボルドー大学やＩＮＲＡ（国立農業研究所）とのつながりが深く、良質なぶどうを栽培するための新技術の開発に、これらの機関と共に積極的に取り組んできた経緯がある。それがサステナビリティを守ることにもつながってきたのだ。

「いまではぶどう栽培で盛んに使われているものにフェロモンカプセルがあります。ホルモンによってガの雄をおびき寄せる方法ですが、せっかく雄が来てもそこには雌がいないので、雄は力尽きて個体数を減らす方向へと働きます。殺虫剤を使わずに、病害虫の被害を防ぐやり方です。これは九〇年代に開発されましたが、当時はコストが高いうえに大量のカプセルを手作業で設置するのが大変なため、広くは普及しませんでした。

ラグランジュは一九九五年にＩＮＲＡが実地の試験を行うときにテストフィールドとしてぶどう畑を提供しました。つまり、このシステムの開発に貢献したのです」

そういった何事にも積極的にチャレンジする姿勢は、このシャトーの歴史でもあると桜井は語る。

「ラグランジュの歴史をたどると、グランクリュ三級に格付けされた一八五五年前後の所有者デュシャテル伯爵もまた、革新的な挑戦者だったのです。まず、ぶどう畑の土のなかに素焼きの土管を埋め込んで、排水するための暗渠を設置しました。いまではこれは一般的に行われる手法ですが、当時は彼が先駆者だったのです。

　また、当時アメリカから欧州に入って甚大な被害をもたらしたウドンコ病への対策として、ぶどう畑への硫黄の使用を初期に導入したのも彼でした。当時はサステナブルといった言葉はありませんでしたが、よいワインを安定してつくり続けるための取り組みに、ラグランジュは一五〇年以上前から積極的

ぶどう畑の下草の手入れに一役を担う羊たち。

だったことを示している逸話です。そのDNAを私たちも引き継いでいると、いつもそう考えています」

　サステナビリティへの取り組みは、まだある。二〇〇五年に、フランスで初めてCFP（カーボンフットプリント）、即ちCO_2排出量を測定した五つのワイナリーのひとつが、ラグランジュなのだ。CFPとは原材料調達から廃棄やリサイクルにいたるまでのライフサイクル全体を通して出される温室効果ガスの排出量をCO_2に換算する仕組みだ。ラグランジュは、早くから温室効果ガスを低減するために、製造工程の見直しに努めてきた。

「敷地内で使う水や電気の量を減らしていくことはもちろん、たとえば毎年購入する樽に関しては、外側をラッピングしているビニールの使用を中止してもらったり、ゴミをできるだけコンポストにしたりと、環境負荷を極力減らす方法を採用し続けてきました」

　またぶどう栽培に用いる農薬や肥料も環境を守る、さらには持続可能な生産活動を行うという視点に立

シャトー ラグランジュで飼育しているミツバチの巣箱。

って使用している。二〇〇八年からファーストワイン、セカンドワインの区画の一部で、有機農業とビオディナミの試験栽培を行っている。当時はシャトー ラトゥール、シャトー マルゴー、シャトー パルメ、シャトー ラ・ラギューヌと共に相互に情報交換できるグループをつくり試験を始めた。

「現在では、ぶどう畑一一八ヘクタールのうち、ビオディナミの手法で管理している区画が八ヘクタール、有機栽培の手法で管理している区画が二七ヘクタールあります。いずれも認証は取っていませんが、サステナブルの観点でとらえたときに化学農薬を使う慣行農業と有機農業は、どちらもメリットとデメリットがあるのが現実です。課題と真摯に向き合いながら、少しでもより良いやり方を模索するために、双方に並行して取り組むことには意義があると考えています。

ラグランジュの畑は慣行農業をしているといっても、除草剤は一切使用していません。また殺虫剤も、フラベッセンス・ドレという重篤な病気を広める虫の発生リスクがある年に限って、周辺のぶどう畑、未来のぶどう畑を守るために限定的に使用するだけです。農薬の選択においては、従業員や近隣住民のことを考え、発がん性、変異原性、生殖毒性のリスクがあると分類されているものは自主的に使用を禁止しています。従って、慣行農業といっても私たちが使う農薬の種類は極めて限定されます」

ワインづくりには多くのエネルギーを使うが、その問題にも積極的に取り組んできた。二〇一七年には、購入電力すべてを太陽光や風力、地熱などの温室効果ガスを排出しない再生可能エネルギーへと切り替えた。さらに二〇一九年には、八〇〇平方メートルのソーラーパネルを、樽熟庫の上に設置。約五〇〇〇個の樽を保管する樽熟庫で使う電力は、すべてこのソーラーパネルによって賄える仕組みをつくり上げている。

加えて二〇二〇年には、敷地内の生態系調査を実施。それに基づいて、生態系保全のための五カ年計画をつくり、実行している。

「ぶどう畑のなかに多様な植物、昆虫や両生類、爬虫類、鳥類などがいる環境を目指しています。棲息する生物の種類を特定し、その生態や行動特性を理解したうえで、移動距離なども考慮して木を植えたり、池をつくったり、石を積み上げたりすることで彼らの生息環境はよくなっていきます。

他にも、草刈りのタイミングを変えたり、水路の掃除頻度を減らしたり、あるいはぶどう畑に種をまいて草を生やしたりしています。さらには敷地内に総延長三・七キロメートルの垣根をつくる計画を進めています。これからの五年間で二〇〇本近い木を新たに植える、またはすでにある樹や森を再生させるといったことを行っていきます。動物たちが敷地内で行動範囲を広げることにつながると思います。五カ年計画が完了した後には、再度生態系の調査を行う予定です」

生物多様性を保全することは、人類が生産性向上のためにモノカルチャー化させてきた過去の歴史を振り返り、それを反省し、自然や動植物と共存する社会へと立ち返る意味を持っている。

「短期的には利益や生産性とは相反する活動になると思われがちです。しかし数十年先、あるいは一〇〇年先を想定すると、サステナブルな農業と持続可能な事業活動は表裏一体です」

ラグランジュでは二〇二〇年ヴィンテージ以降、すべての製品ラインナップで伝統的な木箱に加え、段ボール箱での梱包・出荷も選択できるようにした。

この段ボールはラグランジュ近くの工場で生産される。生産過程はもちろんのこと、軽量のため輸送の段階でのエネルギー消費量の削減につながる。リサイクルも可能だ。

「ラグランジュはボルドーのグランクリュ・ワインですから、木箱での納品を望まれるお取引先もまだまだたくさんいらっしゃいます。でもレストランやワインショップ、あるいは大型スーパーなどでは、木箱よりも段ボール箱のほうが利便性がいいということで、予想以上に多くのお客様から好評をいただいています。セカンドワインは、すでに半数が木箱から段ボールに切り替わりました」

そのような取り組みの結果として、ラグランジュでは多くの環境認証を取得している。

まず二〇〇五年に取得したのがテラ・ヴィティスの認証だ。これは一九九八年にフランスのぶどう栽培家たちによって設立された組織であり、フランス農業・食糧省の認可を受けている。人々の健康、環境や動物保護などに配慮した農法を実践し、さらには持続可能な事業活動に取り組んでいる生産者に対して与えられる。ぶどう栽培から瓶詰めまでの全工程が審査の対象となっている。

そしてHVE（環境価値重視）は環境に配慮した農場管理を行っている農業者や企業に対して、フランス農業・食糧省が与えている認証制度だ。生物多様性、植物病虫害防除対策、肥料、灌漑管理の四つの評価分野があり、すべての農産物の生産者が対象となる。三段階のレベルがあり、シャトー ラグランジュは二〇一七年に最高レベルの三を取得している。また同年、環境マネジメントシステムのISO一四〇〇一※の認証も得ている。

「ISO一四〇〇一の認証を取得したとき、現状に甘んじることなく活動をより加速させようと話し合いました。たとえば敷地内に水道のサブメーターを二二個設置し、小さなエリアごとの水の使用量を把握することで、さらなる使用量削減につなげることができました」

また新聞社やワイン専門誌、専門家協議会による、ボルドー・ワインビジネスにおけるその年の環境取り組みを讃える認証制度「Trophées Bordeaux Vignoble Engagé」というものがある。二〇一一年より開始

※ ISO14001
国際標準化機構（ISO）が定めた環境マネジメントシステムの国際規格。

され、五部門で構成されているが、近年は約三〇〇社が応募した。そこでもラグランジュは多くの賞を獲得している。一部を列挙してみよう。

●二〇二〇年「動植物環境」部門：銅賞　動植物環境保護　環境配慮型ぶどう栽培。

●二〇二一年「共生」部門：金賞　職場環境の改善　近隣住民との関係性　従業員の安全と健康　農薬散布作業時の従業員、近隣住民への配慮。

さらには、そういった環境下で従業員たちがより健康で安全に、長く働き続けることができる場を整える努力も行っている。

「ぶどう畑や醸造所での仕事というのは、大変な肉体労働です。従業員の雇用や健康を守るために、二〇二一年にワイン業界で初めて取り入れたのがパワーアシスト装置です。

まずは五台購入して実際に使ってみて、その結果をメーカーにフィードバックし、さらなる改良に役立ててもらう。高い技能を持った従業員の日々の作業の積み重ねが最終的にワインの品質を決めます。ひとりでも多くの従業員が、健康でモチベーション

桜井の執務室からぶどう畑を望む。

高く仕事ができる環境を整えようと経営者が最善の努力をすることは、この産業が安定的に、未来に続いていくためには不可欠だと考えています」

仕事を通じて尊敬される人間に

自然環境の保全から、共に働く従業員の健康と幸福にいたるまで目配りを欠かさないシャトー経営。そういった広い視野の根底にあるのは、自分たちが引き継いだラグランジュは、世界中のワイン愛好家やフランス国民のみならず、人類の文化的財産のひとつであるとの想いがあるからだ。

「ラグランジュという貴重な歴史的財産を現在受け継いでいる私たちが、これを最高の状態で保持し、次の世代へつないでいくことは当然行うべき責務だと考えています。だからワイン愛好家やラグランジュのワインを購入してくださるお客様、従業員は当然ながら、私たちのワインを普段あまり飲まれない方や、ワインをよく知らない方にも、ぜひボルドーのワイン文化に触れていただきたいのです。そのためラグランジュの敷地は地域の皆さんに広く開放しています。ジョギングやピクニック、散歩などで庭にある池の周辺を訪れてくださる方の姿も多く見られます。

さまざまなワイナリーツアーも企画していて、コロナ禍前の年間訪問者数は、二〇一九年には七〇〇〇人にも達しました。今後も、より多くの人に開かれたグランクリュのシャトーでありたいですし、ここを訪れてくださった方の人生が少しでも豊かなものになっていただければ本望です」

そしてラグランジュが充実と飛躍の時代を迎えたいま、より多くの人に周知していきたいと考えるのが、ラグランジュで体現されたサントリーのフィロソフィだ。これまでラグランジュは地元ボルドーの文化や歴史、習慣を尊重するという形を貫いてきた。その方針のもとボルドーのワイン産業全体の発展にも、周囲のシャトーと共に尽力してきた。それも変わらずやっていく。そのうえで、サントリーの企業

日本の絵画が飾られ、東西文化が融合するシャトーの客間。

理念を広く人々に語り、伝えてもいい時期に来たと感じている。

「これまでは、ボルドーにおいてサントリーのカラーを出し過ぎないとのスタンスを保ち続けてきました。でも近年、フランスのビジネスパートナーたちと会話をすると、『何を言っているんだ、君たちはもう四〇年もいるんだから、ボルドレ（ボルドー人）じゃないか』と、皆さん言ってくださいます。

サントリーの海外展開は一九八〇年代から実質的に始動し、この一五年ほどでより加速しました。一九八〇年代後半には同じくボルドーのシャトー ベイシュヴェルを有するグラン ミレジム ド フランスと、ドイツのロバートヴァイル醸造所の経営に参画しました。また二〇〇九年には欧州のオランジーナ・シュウェップス、二〇一四年にはビームがグループに加わりました。さらにジャパニーズウイスキーが年々評価を高めるなかで、世界中の人たちがサントリーという会社とその企業理念を知ってくださる状況になりました。現在のラグランジュが地元でも十分信頼を得ている現状を鑑みれば、私たちサン

トリーのことをもっと皆さんに話しても、受け入れてもらえる環境が整い始めていると感じるのです」

それは顧客や取引先だけではなく、ラグランジュの従業員に対しても同様だ。一緒に働く人々に、サントリーの精神を共有することは必ずや未来に向けた大きな財産になる。

「ぶどうの樹齢も周囲の評価も上がってきたいま、ワインづくりの現場でサントリーの歴史や創業の精神を伝えて、それにのっとった仕事ができれば、もっと大きなことが成し遂げられると考えています。品質の高いワインをつくるために必要な設備などは現在、すでに整っています。では、それらを使ってより高品質なワインに磨き上げるためにはどうすればいいか。そう考えると行き着くのは、働く一人一人の情熱や技能の積み重ねではないでしょうか。仕事に対する思いの強さやプロフェッショナルとしての誇りが、自ずと品質にも表れてくる。だからこそ、サントリーのものづくりのフィロソフィを、今後は従業員と共有していきたいのです。

ラグランジュの畑は一一八ヘクタールあり、ボルドーに六一あるグランクリュのシャトーのなかでも、四番目の大きさです。そのため年間のワイン生産量は五〇万本にもなります。でもお客様にとっては購入してくださったその一本が、人生でたった一度の機会かもしれない。だから、その一本一本をどれだけ磨き上げることができるか、どれだけ自分たちの情熱を込めることができるかが大切であり、そのためには向上心や精神レベルをつねに高く保って働ける集団をつくらなければならない。今後長くビジネスを継続していくためにも、いかにお客様の期待を超える品質のものをつくり続けるか、というのは非常に大切なテーマなのです」

情熱と誇り高き仕事を通じて人間として成長し、企業もそれに連動するように発展し、ひいては社会をより良くすることにもつながっていく。そんなサントリーの「Growing for Good」の価値観もいま、ボルドーで実践すべきときに来ている。

「ワインづくりの仕事に携わることで私たち全員が周囲から愛されるGoodな人間になっていく。それを今後はより重要視していきたい。『このテロワールから最高品質のワインをつくることを追求する』と私は常々言っていますが、最高品質というのは単にボトルのなかのワインのことだけではないんです。この敷地に足を踏み入れたときに感じる空気、従業員がやりがいをもって仕事に臨む姿勢、ラグランジュのボトルがまとう品格。すべてが品質だと思っています。そしてそれを生み出すのは、一人一人のプロ意識、自然や周辺の人々への感謝など、日々の行動の積み重ねだと思っています。それが一〇〇年、二〇〇年先のラグランジュの将来を構築するためには、絶対的に欠かせないものだと考えているのです」

その先にあるラグランジュのワインの未来は、まぎれもなく、より輝かしいものであるに違いない。

シャトー ラグランジュでつくられるワイン。
ファーストワインの
「シャトー ラグランジュ」(右)。
セカンドワインの
「レ フィエフ ド ラグランジュ」(左)。

メドックの格付けで
グランクリュ第三級のひとつに位置づけられるラグランジュ。
どのような歴史を辿ってきたのだろうか。
そしてワインづくりは
どのように行われているのだろうか。

第5章
シャトー
ラグランジュのワインづくり

ラグランジュの概要、歴史

フランス南西部ボルドー地方。ワインの一大産地として知られるこの地のなかでも、とりわけ上質なワインがつくられる場所として名高いのがメドックだ。

一八五五年、パリ万博を機に制定されたワインの公式格付けで、メドックに数多あるシャトーのなかから五八のシャトー（分割などもあり現在は六一シャトー）がグランクリュとして第一級から第五級まで選ばれた。そこで第三級に格付けされた名門シャトーのひとつが、シャトー ラグランジュである。

メドック地区にあるシャトー ラグランジュの畑は、ふたつのなだらかな砂利層の丘陵地に広がっている。一一八ヘクタールの畑には、赤ワイン品種であるカベルネ・ソーヴィニヨンを中心に、メルロ、プティ・ヴェルドが植えられている。

メインブランドの「シャトー ラグランジュ」のほか、一九八三年からはセカンドワインの「レ フィエフ ド ラグランジュ」を、一九九七年からは白ワインの「レ ザルム ド ラグランジュ」をリリースしている。

シャトーの歴史は古く、その起源は中世まで遡ることができる。公式文書として、初めて所有者の名前が記されたのは一七世紀初頭、王室砲兵隊輜重《しちょう》隊長のジャン・ド・ヴィヴィアンからだ。当時のワイン地図にも、すでに「La Grange」の名が記載されている。ちなみに、「ラ グランジュ」には本来、領主や教会を中心とした小さな集落のような意味がある。

その後、いくつかの所有者に受け継がれてきたが、代表的なのがナポレオン一世統治下にスペインの大蔵大臣を務めたカバリュス伯爵や著名なワイン商ジョン・ルイス・ブラウンなどだ。

カバリュス伯爵の時代には、当時、駐仏アメリカ公使で後に第三代アメリカ合衆国大統領となったトーマス・ジェファーソンが、独自にメドックのワインを格付けし、そのときラグランジュは三級に選ばれた。ジェファーソンは大変なワイン愛好家であり

大西洋
Océan Atlantique
ジロンド川
La Gironde
N
0 20km
サンテステーフ
Saint-Estèphe
メドック
Médoc
ポーイヤック
Pauillac
サンジュリアン
Saint-Julien
リストラック
Listrac
ムーリス
Moulis
マルゴー
Margaux
ドルドーニュ川
La Dordogne
ボルドー
B o r d e a u x
ペサック
Pessac
レオニャン
Léognan
グラーブ
Graves
ソーテルヌ
Sauternes
ガロンヌ川
La Garonne

イギリス
ROYAUME-UNI
ドイツ
ALLEMAGNE
ベルギー
BELGIQUE
パリ
Paris
フランス
F R A N C E
スイス
SUISSE
Golfe de Gascogne
ボルドー
Bordeaux
イタリア
ITALIE
スペイン
ESPAGNE
Mer Méditerranée

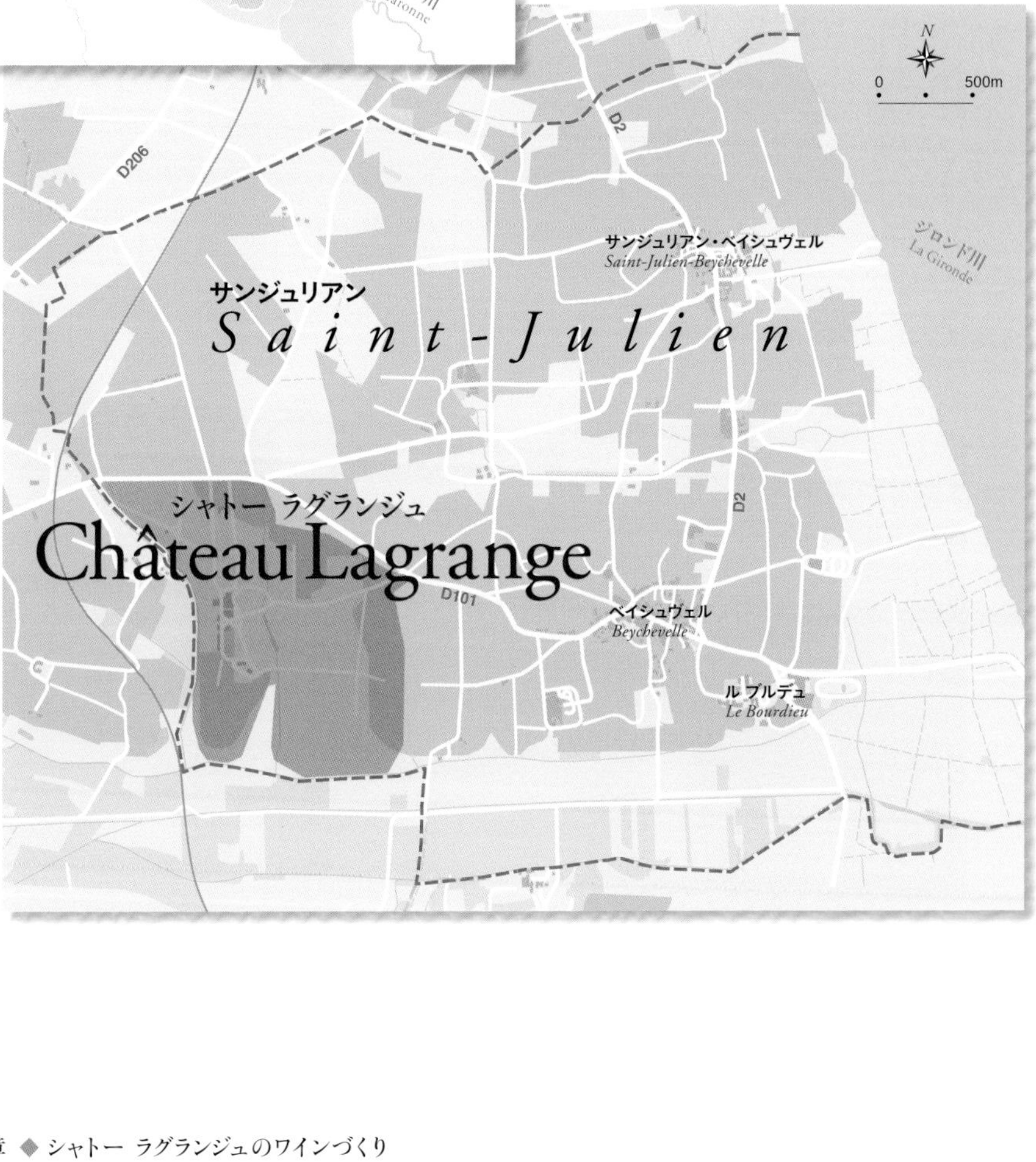
N
0 500m
D2
D206
サンジュリアン・ベイシュヴェル
Saint-Julien-Beychevelle
ジロンド川
La Gironde
サンジュリアン
S a i n t - J u l i e n
シャトー ラグランジュ
Château Lagrange
D101
ベイシュヴェル
Beychevelle
ル ブルデュ
Le Bourdieu

収集家で、この格付けが、後のメドックのグランクリュ格付けのたたき台になったと言われている。

そして、一八四二年から所有者となったデュシャテル伯爵は、ルイ・フィリップ王朝で商農大臣、大蔵大臣、内務大臣を歴任した人物。この伯爵によりラグランジュはさらに名声を高め、栄華を極めた。

伯爵は革新的な人でもあった。畑の土のなかに素焼きの土管を埋め込み、水はけをよくする設備を開発。これは現在も受け継がれている。また、フランスにウドンコ病が広まった際には、自らの畑を使い、病害対策を実験した。これにより、ボルドー中の畑を守ったという功績も残されている。

加えて、城館や醸造所の設備は当時のボルドーでも屈指の規模に整えたりと、そこでつくられるワインの品質は誰もが認めるところとなった。こうして一八五五年、デュシャテル伯爵の時代に、ラグランジュはグランクリュ第三級の栄誉に輝いたのだ。

しかし、栄光の時代はここまでだった。デュシャテル伯爵がこの世を去った後、新しい所有者となったミュイシイ・ルイスの時代に、アメリカから侵入

買収以前のシャトー ラグランジュ。

してきた害虫フィロキセラにより、ヨーロッパ中のぶどう畑が壊滅状態となった。畑を再生するには莫大な費用がかかるうえに、今度は追い打ちをかけるように葉や果実に白いカビが出るベト病の被害にも遭ってしまった。

　一九二五年、経営が立ち行かなくなっていたシャトーを引き継いだのが、スペイン系のセンドーヤ家だった。だが、シャトーを引き継いで間もない一九二九年に起きた世界恐慌の影響で、このセンドーヤ家も没落に追い込まれてしまう。ワイン商のジョン・ルイス・ブラウンが所有していた頃には二八〇ヘクタールまで拡張されていた広大な畑は次々と切り売りされて品質も低下、シャトーは荒廃の一途をたどっていった。

　そして一九八三年一二月。これ以上ないほど窮地に立たされていた名門シャトーを買収し、経営を引き継いだのが、サントリーである。フランス政府が欧米以外の企業にシャトーの所有を認可したのは、これが初めてのことだった。

　しかし醸造設備は古く、城館も荒れ果てている状

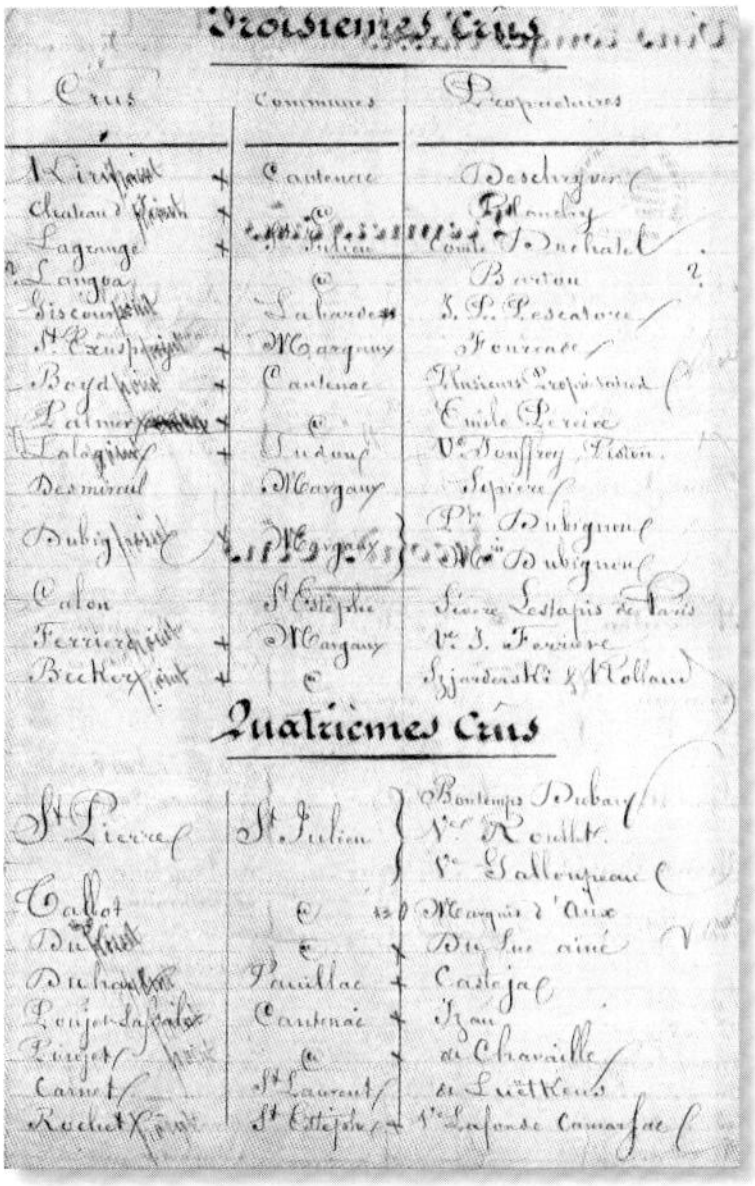
Troisièmes Crus

Crus / Communes / Propriétaires

Quatrièmes Crus

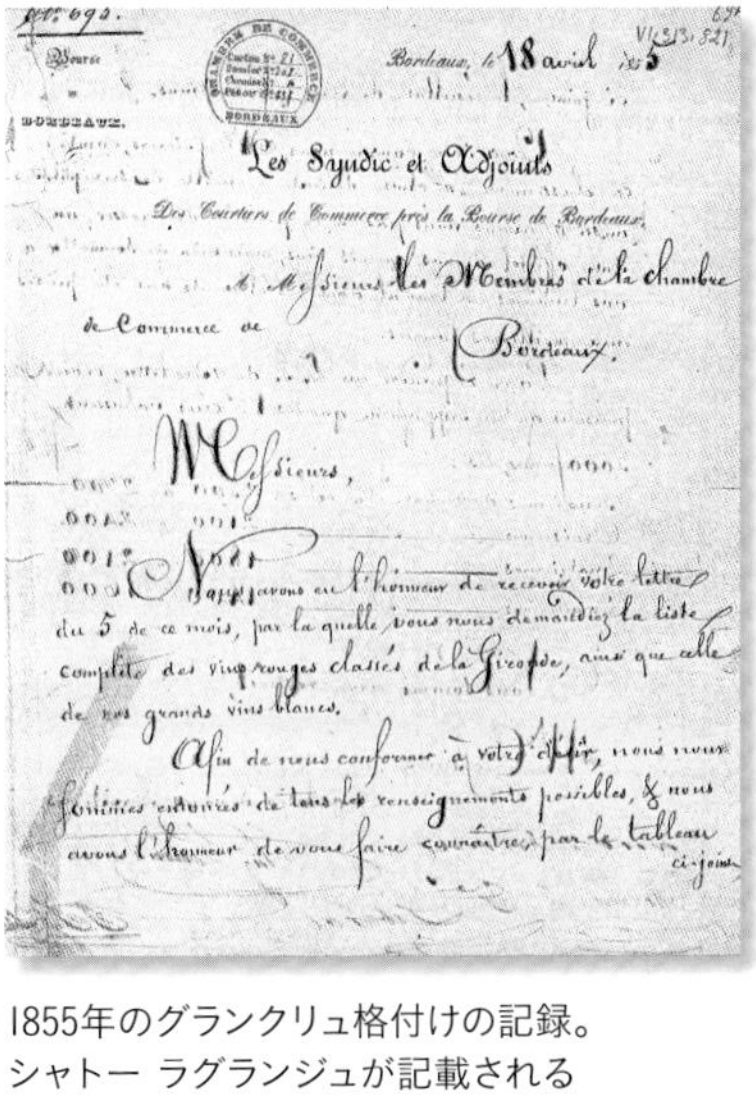
Bordeaux, le 18 avril 1855

Les Syndic et Adjoints des Courtiers de Commerce près la Bourse de Bordeaux,

à Messieurs les Membres de la chambre de Commerce de Bordeaux.

Messieurs,

Nous avons eu l'honneur de recevoir votre lettre du 5 de ce mois, par laquelle vous nous demandez la liste complète des vins rouges classés de la Gironde, ainsi que celle de nos grands vins blancs.

Afin de nous conformer à votre désir, nous nous sommes entourés de tous les renseignements possibles, & nous avons l'honneur de vous faire connaître par le tableau ci-joint

1855年のグランクリュ格付けの記録。
シャトー ラグランジュが記載される
３級の部分（上）と格付け表の表紙（下）。

態。残っていた敷地一五七ヘクタールのうちAOC（原産地統制呼称）を名乗ることのできる畑は一一三ヘクタールあったが、実際にぶどうが植樹されている畑は五六ヘクタールと、全盛期と比べるとぐんと減ってしまっていた。

しかし、幸いなことにセンドーヤ家が土壌のあまりよくない畑から切り売りしたためぶどう栽培に適した畑のみが残っていた。しかもその土壌は、多くの専門家が「潜在能力という点では、メドックのトップ一〇シャトーに匹敵する」と評価するほどのものだった。

サントリーが買収した一九八三年の時点では、カベルネ・ソーヴィニヨン主体のワイン産地であるメドックにあって、畑の半分以上にメルロが植わっていた。そのため栽培放棄されていた畑にはカベルネ・ソーヴィニヨンを中心に植樹し、ボルドーの伝統的な品種であるプティ・ヴェルドも新たに植え付けた。

また設備もすべて当時の最新式のものに一新し、城館も修復。それには莫大な投資が必要であり、新生ラグランジュのプロジェクトはほぼ丸ごと、一からのスタートとなった。

品質を上げながら、地に堕ちていた評判を徐々に取り戻していった――そう記すのは簡単だろう。だが実際は、一筋縄ではいかなかった。サントリーのラグランジュ取得から二〇二三年で四〇年。その長い積み重ねを経て、いまではグランクリュ第三級屈指とも言われる高い品質のワインが毎年、世に送り出されている。

ボルドー・ワインとAOC

ボルドーの銘醸地メドックでのワインづくりが盛んになったのは一六〇〇年以降のこと。その頃、土地の有力者たちによって次々とシャトーが建築され、ぶどうの栽培と醸造が始まった。それらのシャトーでは、自家畑でぶどうを栽培、さらには醸造、樽熟成を行っていた。現在では瓶詰めまでも一貫して行

っている。

ボルドーのワイン生産地は、川を中心に形成されている。ジロンド川の左岸にはボルドーを代表する生産地であるメドック、ドルドーニュ川右岸にはポムロール、サンテミリオンというこれまた銘醸地が連なる。そしてメドックの南にはグラーブ、さらに貴腐ワインで知られるソーテルヌなどがある。

ボルドーはピレネー山脈からの岩や砂利が堆積した水はけのよい痩せた土壌。それに加えて、大西洋を流れる暖流（メキシコ湾流）の影響を受け、北緯四四度という日本であれば北海道にあたる緯度にありながら、夏はとても暑く、日射量も確保できる。昼夜の寒暖の差も激しく、それがぶどうを栽培するうえで大きなメリットとなっている。

生産されるワインは圧倒的に赤ワインが多く、ぶどう品種はカベルネ・ソーヴィニヨン、メルロ、カベルネ・フラン、プティ・ヴェルド。生産量は少ないが白ワインもあり、ぶどう品種はソーヴィニヨン・ブラン、セミヨンなど。ジロンド川右岸のポムロールやサンテミリオンは、粘土質主体の土壌であ

フランスの画家ジュール・ブルトンが1862年頃に描いたシャトー ラグランジュの収穫風景。

ることから、メルロ主体のワインとなる。一方、左岸のメドックは砂礫質であり、粘土、石灰質土壌のうえに砂利質がのる水はけのよい土壌でカベルネ・ソーヴィニヨン主体のワインがつくられている。

ラグランジュのあるメドック地区は下流のメドックと上流のオー・メドックに分かれているが、単にメドックと総称されることも多い。主要なAOCであるサンテステーフ、ポーイヤック、サンジュリアン、マルゴー、ムーリス、リストラック・メドックの六つの村はすべてオー・メドックに位置しており、ラグランジュがあるのは、そのなかのサンジュリアン村だ。

このAOCとは、フランスで一九三五年に制定された農業製品の品質を保証する認証制度で、日本語では原産地統制呼称と呼ばれるものである。AOCはAppellation d'Origine Contrôlee の略。ワインの他にも、チーズやじゃがいもなど、多くの農産物にこの認証が設けられている。

ワイン生産地には、それぞれの土地に合ったぶどう品種や栽培、醸造方法がある。その地方の特性や品質を守り、原産地の偽装表示を防ぐために定められているのがAOCであり、生産地域、品種、最低アルコール度数、最大収穫量、栽培法、剪定方法、醸造法、熟成条件、試飲検査などにより厳しく規制されている。

メドックのAOCは赤ワインだけに認められていることから、たとえばラグランジュの白ワイン、「レ ザルム ド ラグランジュ」は、サンジュリアン村のぶどうを使ったとしてもAOCサンジュリアンやAOCメドックとラベルに表記はできず、より大きな範囲でのAOCボルドーというカテゴリーに入る。

土壌を見極めて畑そのものに特級、一級などのランクが付けられているブルゴーニュと違い、ボルドーはシャトーごとにランク付けがされている。特に、一八五五年に行われたメドックの格付けは有名で、パリ万博を機に当時のボルドー商工会議所が品質、評価、取引価格、土壌などを総合して、グランクリ

ュ（特級）の一級から五級までを選定した。

前述の通り、このときに選ばれたシャトーは五八（現在は六一シャトー）。一級はラベルにプルミエ・グランクリュ・クラッセ、二〜五級はグランクリュ・クラッセと表記されている。

ちなみに現在の第一級は、「シャトー ラフィット・ロートシルト」「シャトー マルゴー」「シャトー ラトゥール」「シャトー オー・ブリオン」「シャトー ムートン・ロートシルト」の五つ。オー・ブリオンのみグラーブ地区のワインだが、例外的に認められている。いわゆるボルドーの五大シャトーと呼ばれる名品だ。

二級、三級はそれぞれ一四シャトーずつが選ばれるが、ラグランジュはその三級に含まれている。ボルドーで、メドック以外にシャトーの格付けが行われている地域は他にグラーブ、ソーテルヌ、サンテミリオンがある。

ボルドーの販売方法は独特で、プリムールという商習慣がある。前年の秋に仕込んで樽熟成が始まったばかりのワインを毎年四月にクルチエやネゴシア

ブルトンの絵（P129）から150年後の2011年、構図を真似て収穫の記念写真が撮られた。

［メドック格付け（グランクリュ）］

第1級

シャトー ラフィット・ロートシルト	ポーイヤック
シャトー ラトゥール	ポーイヤック
シャトー ムートン・ロートシルト	ポーイヤック
シャトー マルゴー	マルゴー
シャトー オー・ブリオン	ペサック・レオニャン（グラーヴ地区）

第2級

シャトー コス デストゥーネル	サンテステーフ
シャトー モンローズ	サンテステーフ
シャトー ピション・ロングヴィル バロン	ポーイヤック
シャトー ピション・ロングヴィル ラランド	ポーイヤック
シャトー デュクリュ・ボーカイユ	サンジュリアン
シャトー グリュオー・ラローズ	サンジュリアン
シャトー レオヴィル バルトン	サンジュリアン
シャトー レオヴィル・ラス・カーズ	サンジュリアン
シャトー レオヴィル ポワフェレ	サンジュリアン
シャトー デュルフォール・ヴィヴァン	マルゴー
シャトー ラスコンブ	マルゴー
シャトー ローザン・ガシー	マルゴー
シャトー ローザン・セグラ	マルゴー

第3級

シャトー カロン・セギュール	サンテステーフ
シャトー ラグランジュ	**サンジュリアン**
シャトー ランゴア・バルトン	サンジュリアン
シャトー フェリエール	マルゴー
シャトー マレスコ・サン・テクジュペリ	マルゴー
シャトー マルキ・ダレーム・ベッケー	マルゴー
シャトー ボイド・カントナック	マルゴー
シャトー カントナック ブラウン	マルゴー
シャトー デミレーユ	マルゴー
シャトー ディサン	マルゴー
シャトー キルヴァン	マルゴー
シャトー パルメ	マルゴー
シャトー ジスクール	マルゴー
シャトー ラ・ラギューヌ	オー・メドック

第4級

シャトー ラフォン・ロシェ	サンテステーフ
シャトー デュアール・ミロン・ロートシルト	ポーイヤック
シャトー ベイシュヴェル	サンジュリアン
シャトー ブラネール・デュクリュ	サンジュリアン
シャトー サン・ピエール	サンジュリアン
シャトー タルボ	サンジュリアン
シャトー マルキ・ド・テルム	マルゴー
シャトー プージェ	マルゴー
シャトー プリュレ・リシーヌ	マルゴー
シャトー・ラ・トゥール・カルネ	オー・メドック

第5級

シャトー コス・ラボリー	サンテステーフ
シャトー バタイエ	ポーイヤック
シャトー オー・バタイエ	ポーイヤック
シャトー クレール・ミロン	ポーイヤック
シャトー クロワゼ・バージュ	ポーイヤック
シャトー ランシュ・バージュ	ポーイヤック
シャトー ランシュ・ムーサス	ポーイヤック
シャトー オー・バージュ・リベラル	ポーイヤック
シャトー ダルマイヤック	ポーイヤック
シャトー グラン・ピュイ・デュカス	ポーイヤック
シャトー グラン・ピュイ・ラコスト	ポーイヤック
シャトー ペデスクロー	ポーイヤック
シャトー ポンテ・カネ	ポーイヤック
シャトー デュ テルトル	マルゴー
シャトー ドーザック	マルゴー
シャトー ベルグラーヴ	オー・メドック
シャトー ド カマンサック	オー・メドック
シャトー カントメルル	オー・メドック

ンなど関係者がテイスティングして、そのワインの将来性を判断する。

さらにジャーナリストの評価や市況なども参考にしながら、シャトーは蔵出し価格を決めて、ネゴシアンと取引が行われるのだ。

樽熟成が終わり、瓶詰めをしたワインが実際に市場に出るのはそれから二年後のこと。いわば、ワインの先物買いである。翌年の収穫や醸造などにかかる資金を確保するためにも、早い段階での取引で資金調達をする。また、年によって味わいに変動があるワインを、毎年のプリムールで、その出来にかかわらず一定量買ってもらうことでシャトーの経営を維持していくシステムにもなっている。

それはネゴシアン側にとっても、市場を見ながら自分たちで需給を調整できるという利点がある。双方のメリットがあって成り立つ仕組みと言える。グランクリュの一級や二級のワインは、プリムールでの価格から、実際に市場に出るときには数倍になることも多く、そのため投機対象として扱われることもある。

ラグランジュのワインづくりの四季

ボルドーでのワインづくりの四季は、どのように変化していくのか。ラグランジュを例に一年を見てみよう。


【秋の収穫〜選果作業】

ラグランジュの畑に植わっている赤ワイン品種は、カベルネ・ソーヴィニヨン、メルロ、プティ・ヴェルドの三種類。それぞれに生育のリズムはまったく違う。一般的にはメルロが最も早く、だいたい九月中旬から下旬にかけて収穫の時期が訪れる。そこから一〇日ほど遅れてカベルネ・ソーヴィニヨンの摘み取りが始まる。

一般的に言えば、いちばん収穫が遅いのはプティ・ヴェルドだが、ラグランジュの場合はカベルネ・ソーヴィニヨンよりもプティ・ヴェルドのほうが収穫が終わるのが早いという。それには、ラグランジュならではの理由がある。

多くのシャトーは、最も恵まれた畑にカベルネ・ソーヴィニヨンを植えて、次にメルロ、そしてあまり恵まれない畑にプティ・ヴェルドを植える。プティ・ヴェルドは、タンニンと酸が強く、ワインの味わいの骨格部分を担うが、主になる品種ではないからだ。

だが、ラグランジュの場合は、カベルネ・ソーヴィニヨン主体のワインづくりをするメドックの土壌にもかかわらず、買収時の畑には極端なほどメルロの比率が高かった。そのため使っていなかった広大な畑に、新たにカベルネ・ソーヴィニヨンを中心に植えていった。

しかしカベルネ・ソーヴィニヨンがその個性を十分に発揮するようになるには、植えてから二〇年はかかる。それまではプティ・ヴェルドの骨格をうまくワインに取り入れようと、あえて畑の良質な区画に、若くても完熟するプティ・ヴェルドを植えたのだ。

秋、収穫期に入ると、シャトーは戦闘態勢とでも言いたくなるような緊張感に包まれる。経営陣と畑、醸造の責任者たちが、数日先までの天気予報と畑の状態を毎日見て考えながら、スケジュールを決定していく。そのときどきの素早い状況判断が必要であり、収穫時だけ臨時に雇い入れる外部の人間もいるためすべてを厳密にうまく統率できないと、思うようにに運ばなくなるのだ。

収穫期間は約一カ月、年により雨が降ったりして、急いで収穫しなければならない場合は二週間ほどで一気に終わらせるが、通常、天気に恵まれている年は、それぞれの区画の生育状態を細かく見極めながら、完熟のタイミングでピンポイントに収穫をしていく。

収穫時には、腐敗したぶどうを手作業で取り除く。畑でぶどうを厳しく選果するシステムは、ボルドーでは八〇年代にラグランジュがいち早く始めたことだ。そうやって集められたぶどうは、果梗を取るために除梗機にかけ、さらに選果台を通して色や形などを厳しくチェックし、完熟した健全な粒果だけを選別していく。二〇〇九年からは、最新式の光学選果機を導入している。

【醸造】

選果を終えたぶどうの実は破砕された後、円筒形の小型タンクの中でアルコール発酵させる。ぶどうの果汁に含まれる糖分を、酵母の働きを借りてアルコールと炭酸ガスに変換するのだ。白ワインの場合は一般的にぶどうの実を破砕した後、すぐに搾汁して果汁のみを発酵させるが、赤ワインの場合は果皮や種も一緒に浸け込み、発酵を行う。それにより果皮や種に含まれる色や渋味成分を液体に抽出していく。これをマセラシオンという。

そのアルコール発酵自体は、一週間から一〇日ほどで終わる。同時に乳酸菌の働きにより、ぶどう由来のリンゴ酸をまろやかな乳酸に変えるマロラクティック発酵が行われる。マセラシオンも含めて、トータルの発酵期間は三週間から四週間ほどだ。

また、その際の温度管理も非常に重要となる。高めの温度で発酵するとタンニンが強く力強いワインとなり、低温でじっくり発酵させると、エレガントで果実味のあるワインに仕上がる傾向にある。

ラグランジュではこのエレガントさや果実味を重視しているため、一般的なボルドーの発酵温度よりもやや低めの設定で、ゆっくりと時間をかけて色やタンニンを抽出させるのが特徴のひとつとなっている。

さらに発酵中の重要な作業が、ルモンタージュである。発酵中はアルコール生成と同時に炭酸ガスが発生するので、果皮や種などの固形物が液面へ浮き上がってきてしまう。そうなるとマセラシオンがうまくいかないためタンクの下部から液体を抜き出し、上部からそれをかけて、浮き上がっている果皮や種を液体の中へと混ぜ込む作業を定期的に行うのだ。

発酵を終えると、次はプレス（搾汁）と呼ばれる工程となる。まずは、タンクから液

ルモンタージュの様子。

体だけを抜き取り、メインとなるワイン（フリーラン）を取る。そして、残った果皮や種の部分に徐々に圧力をかけて取った液体をプレスワインという。そのプレスワインにも三段階ほどあり、最初に搾ったものほど質が高く、二回目や三回目は青い香りや渋み、えぐみなどが強くなっていく。フリーラン、プレスワインはそれぞれタンク別に樽詰めされる。

【アッサンブラージュ】

年が明けた一月から二月にワインをアッサンブラージュする。これはボルドーの伝統的な手法で、複数品種のワインを混ぜて仕上げていくもの。こうすることで、ワインに奥深さを与える。また年ごとの品質や味わいのばらつきも小さくなる。

アッサンブラージュでは、フリーランのワインと、プレスワインのひとつひとつをテイスティングしながら、その年のワインの配合比率を決めていく。毎年必ず、最高品質のシャトーものに使われる区画、またほぼ例年セカンドワインにしかならない区画もあるとはいえ、一〇二基のタンクで区画ごとに発酵を行っているため、それぞれのプレスワインも含めると、テイスティングは膨大な数になる。

良いプレスワインには旨味と力強さがあり、これをうまく使うことでボルドーのグランヴァンのハーモニーが生み出され、完成する。

プティ・ヴェルドも、同じような働きをする。単独ではタンニンが強く個性があるように見えるが、これを上手にアッサンブラージュすることでワインの骨格に輝きを与えると共に、長期熟成能力を高める。

アッサンブラージュをして最初にシャトーものの比率を決めたら、残りのワインを使ってセカンドがつくられる。

一年間の集大成となるアッサンブラージュ。

【樽熟成～出荷】

アッサンブラージュが終わり、ワインをブレンドした後は、再び樽に詰められる。シャトーによっては発酵終了直後ではなく、樽に入れて熟成した後、瓶詰前にブレンドするやり方を取るところもあるが、ラグランジュの場合は違う。

樽香の影響を受ける前の、より純粋なワインの状態で、ぶどう由来のポテンシャルで味わいを判断し、ブレンドしてから樽詰めをする方法を取る。これは早くブレンドすることにより、最終的に樽熟成が終わったときに、よりワインがなじんでいるという利点もある。どちらがいいというわけではなく、シャトーごとの考え方による。

ワインの熟成に使うオーク樽は、ラグランジュでは樽ごとの個体差をなるべく減らすために、数ある樽メーカーのなかから六社を選び、木材の産地や樽内部のトーストの仕方などを細かく指定している。

シャトーものに使用する新樽の割合は、およそ六

［ラグランジュのワインづくり］

収穫（9月～10月）

↓

選果

↓

破砕・除梗

↓

アルコール発酵
マロラクティック発酵

↓

プレス（搾汁）

↓

アッサンブラージュ

↓

樽熟成
●スーティラージュ
（オリ引き・3カ月に一度）
●コラージュ
（卵白清澄化）

↓

瓶詰め、出荷

○パーセント。シャトーもので約二一カ月、セカンドで約一三カ月熟成させる。新品の樽はトータルで四〜五年使用し、その後は小さなシャトー、ウイスキーやシェリーの熟成などの用途のために売却される。

ラグランジュの樽熟庫は四棟あり、常時四〇〇〇〜五〇〇〇樽のワインが静かに旅立ちを待っている状態だ。

とはいえ熟成期間中も、ただワインを寝かせておくわけではない。三カ月に一度行われるのが、スーティラージュと呼ばれるオリ引き作業だ。熟成中、酒石酸と色素の塊がオリとなって樽底に沈殿するため、定期的に取り除いていく。まず樽からワインを抜き、底に溜まったオリを掻き出したら、樽をきれいに水洗いする。

このとき、小さな硫黄の塊に火をつけて樽に入れ、内部を熱殺菌する。硫黄を燃やしたときにできる亜硫酸ガスには殺菌効果があるからだ。殺菌後に樽に残っている亜硫酸と、ワイン中に含まれるアルデヒドなどが結びつくと、結合亜硫酸となり、ワインの酸化を防ぐことができる。また好ましくない微生物が繁殖し、ワインの香りや味わいに影響を与えることを防止する役割もある。

ワインを樽に戻すときにはその樽から抜いたワインではなく、隣の樽のワインを移していく。こうしてローテーションすることにより、さらに樽ごとのばらつきを減らすことができる。

もうひとつ、オリを取り除く作業として、樽熟成の最終段階で行われるコラージュ（卵白清澄化）がある。ワインに少量のタンパク質を添加し、ポリフェノールと反応させて沈めることで、濁りのないきれいな液体にするのだ。ラグランジュではいまでも伝統的なスタイルで、卵白を用いてコラージ

樽熟庫で慎重に作業を行う熟練スタッフ。

ュを行っている。

ひとつの樽ごとに使用する卵白は一～三個。樽に入れたらすぐに撹拌し、オリとして沈殿させる。またコラージュによって、味わいをまろやかにする効果もある。

ちなみに、ボルドー発祥のフランス菓子として有名なカヌレは、コラージュの後に残った大量の卵黄を消費するために、修道院で誕生したと言われている。

樽熟成が終わると、いよいよ瓶詰めをして出荷となる。樽から出したワインを、まずは大きなタンクに移す。それをいくつか並べ、それぞれをホースでつないで循環させることで、全体の味をさらに均一化させた後に瓶詰め作業をし、出荷する。

【畑の仕事】

ワインの醸造や熟成期間中も、畑では一年を通して、さまざまな作業がある。ラグランジュではリュット・レゾネ（農薬、化学肥料を極力使用しない農法）を実践し、二〇〇五年にテラ・ヴィティスの認証を取得、さらに二〇一七年には環境マネジメントシステムの国際規格である、ISO一四〇〇一およびHVE認証のレベル三（三段階のうち最も厳しい基準）も取得していることはすでに述べた。

ぶどうの収穫後、秋から冬にかけては、翌年の収穫に向けての剪定作業を行う。その年に収穫したぶどうの房がついていた枝のなかから、良い状態の枝を左右に一本ずつ残して切っていく。

また冬場に一度、ぶどうの樹の周囲の土を掘り起こして株の周りに盛る作業も行う。こうすることで霜被害を防ぐ効果があり、また土を切り返すことで表面に生えていた雑草を混ぜ込み、緑肥にすることができる。この作業は年に数回行われる。

十数年前からは、畑にわざと草を生やしたままにしておく草生栽培も実践している。ぶどうは本来水を好むため土壌から、あるいは雨が降ればあるだけの水を吸い上げてしまって、結果としてぶどうの実が大きくなり、味わいが薄まり凝縮感が出なくなる。そのために一九世紀から土壌にドレーンと呼ばれる土管を埋め込み、水を排出するシステムを取り入れてきた。また雑草を生やしたままにすると、ぶどうの樹と水を取り合い、収穫期に雨が降っても雑草が水を吸い上げてくれる。こうしてギリギリの状態まで収穫を待ち、より自然な形で凝縮感を上げることができるようになる。

ちなみにAOCでは水を取り除く作業は認められているが、栽培期間中のぶどうの樹への水やりは禁止されている。

剪定作業が終わったら、ぶどうの樹の列に沿って杭を打ち直したり、そこへ残した枝を誘引するための針金を張り渡したりする。三本もしくは五本の針金と添え木を使い、メドック仕立てと呼ばれる方法で、コンパクトな垣根の状態にする。こうすることで日照量を得やすく、また作業もしやすく整える。

そうこうしているうちに、ぶどうの樹は萌芽の季節を迎える。冬場のまったく動きのない状態から、いちばん外側の固く乾いた皮がほんの少し破れた状態、これが萌芽の最初のステージであり、三月末から四月の初め頃には見受けられる。

そして上の固い皮が破れてなかが膨らんだ感じになり、そこから数週間後に初めて柔らかい緑の葉が

色付き始めたヴェレゾン期のぶどう。

見えてくる。

萌芽からしばらくの間は畑作業も落ち着いた状態だが、もちろんやるべきことはある。ひとつの枝から出てくる芽の数はある程度制限しなければならないため、冬の剪定の際に余分な芽をナイフで削り取る作業をしておく。それでも力のある枝からは脇芽が出てきてしまう。放っておくと、日陰ができたり実がなり過ぎたりしてしまうため、その芽を取り除く芽かきという作業をする。

開花は五月下旬から六月上旬頃。花が咲いてからほんの小さな実がつき始めるまで、およそ二週間だ。

そこからどんどん実は膨らみ、八月に入るとぶどうの実は着色し始める（ヴェレゾン）。

この頃になると枝が横に広がって実の重さで下に垂れてしまうので、それを寄せてあげる作業などをする。上のほうで脇芽が出てしまい日陰をつくるようならそれを取るが、基本的に冬の剪定作業がしっかりとできていれば、この時点ではそれほど作業は発生しない。

むしろ、気をつけなければいけないのが病害だ。開花から実がついて以降は、さまざまな病気が出やすくなるため、その前兆を早く捉えて対処するのが肝心だ。こうしてぶどうの成長を秋まで見守り、収穫を迎えるというサイクルが続いていく。

「ワインづくりは農業」とよく言われるように、ワインの品質は畑でつくりこまれる。毎年毎年、この仕事を畑で実直に繰り返し、いかに健全で樹齢の高いぶどうの株を確保していけるか。それこそが、シャトーの財産となるのだ。

広大なぶどう畑で
1本ずつ手入れを行う。

Château Lagrange Dégustation

テイスティング・ノート

毎年異なる条件の下でつくられるワイン。
だからこそ、年ごとに異なる豊かな味わいもまた生まれる。
当代の名ソムリエは、
味わいの違いをどう表現するのだろうか。

2019
……
2011

ソムリエ
岩田 渉氏
Wataru Iwata

2023年、A.S.I.世界最優秀ソムリエコンクールで世界第5位に輝いた岩田渉氏が、2011年〜2019年のシャトー ラグランジュをテイスティングした。

2019

CS80%
Me18%
PV2%

非常に色調の濃いダークチェリーレッド。皮がピンと張り詰めたフレッシュな黒系果実に、エスプレッソやモカ、スモークなど樽由来の香ばしいトーンが加わる。さらにセージやタイム、ローズマリーなどのハーブ香、西洋杉や鉛筆の芯、ドライヴァイオレットのフレグランスが穏やかに調和する。口に含むと非常に焦点のあった、ラグランジュらしい緻密さと精巧さの詰まった味わい。アタックは、ジューシーな黒いフルーツとバランスよく溶け込んだアルコールと生き生きした酸が感じられる。そして中盤からはフルーツの凝縮感と複雑なスパイスやハーブが深みを与える。やがて後味には完熟ぶどうの甘み由来のタンニンが噛みごたえのあるテクスチャーや奥行きを生み、持続性のある酸が非常に長い余韻を作り上げている。

2018

CS67%
Me28%
PV5%

中心からエッジにかけて一様に、漆黒のような深みがある濃いダークチェリーレッド。香りの第一印象はおとなしく穏やかだが、その香りが持つディテールは群を抜くほど複雑で多重的。完熟したブラックベリーやダークチェリーにクレーム・ド・カシスやブルーベリーリキュールのような甘いフルーツのアロマ。それらがバニラやカカオ、木樽由来の香りでより強調される。さらにはエスプレッソ、タバコ、リコリス、スターアニスなど驚くほど多くの要素が詰まっている。味わいは密度の高さと凝縮感があり、圧倒的なスケール感を持つ。香りで感じられた複雑な要素が口中で幾重にも織り重なるようにフレーバーとして現れ、そこに洗練された緻密な酸とバランスの取れたアルコール、そして多数のタンニンが組み合わさることで、繋ぎ目のないヴェルヴェットのような質感が生まれる。ボルドーのエレガンスと素晴らしいヴィンテージの要素が絶妙に絡み合った見事なワイン。

セパージュ表記について
CS：Cabernet Sauvignon（カベルネ・ソーヴィニョン）
Me：Merlot（メルロ）
PV：Petit Verdot（プティ・ヴェルド）

2015

CS75%
Me17%
PV8%

エッジにはまだ紫色のトーンが強く残り、中心にはインクを思わせる濃さが見える色調。香りの印象は一見穏やかだが、その奥に複雑性が潜む。熟した黒系果実やクレーム・ド・カシスの優美なフルーツのアロマが支配的で、その香りをさらに引き立てる上品なバニラビーンズやスイートスパイスの香り。その後フレッシュなタバコの葉が時間の経過と共に感じられ、偉大なヴィンテージのポテンシャルが、徐々にその姿を現してくる。味わいは完熟したぶどう由来の肉付きのいいボディに、しなやかでフレッシュな酸が溶け込み、そこに噛みごたえのある、熟した甘いタンニンが加わる。圧倒的な存在感。酸、アルコール、タンニン、フレーバーの要素が見事に絡み合って複雑な味わいを生む一方で、繋ぎ目のないシームレスな質感を与える。余韻も非常に長い。

2017

CS78%
Me18%
PV4%

外観のエッジ部分にはオレンジのトーンが見られる。香りはもぎたてのカシスやブラックチェリー、そこにブルーベリーやラズベリーといった赤黒いフルーツの要素が明るさを与える。さらにラベンダーのような華やかな芳香が印象的で、そこにグリーンペッパーコーンを思わせるスパイスが混じる。木樽の要素が絶妙に溶け込み、バニラや香木のアクセントが奥深さを表現する。味わいは、それぞれの要素が一体となり心地よいハーモニーを奏でることで親しみやすさを感じさせる。フレッシュで伸びやかな酸がありながら未熟な要素は一切なく、磨かれたようなタンニンとフルーツの優美な味わいが、ボルドーらしい品格と精巧さを表現し、満足感の高い味わいを作り上げる。

2014

CS76%
Me18%
PV6%

中心に見られるのは黒みを帯びた明るいダークチェリーレッド。縁の部分はまだ紫のトーンをほどよく保つ。香りはさまざまな要素が多層的に現れてきて奥行きや深みがある。甘く熟したダークチェリーやダークベリーにクレーム・ド・カシス、プラムやプルーンのような甘美な要素も。セージやローズマリーのハーブに、心地よく溶け込むバニラやカカオニブ、木樽からくるカラメルのアクセント。乾いた石を思わせるミネラル感が複雑性を与えている。口に含むとアタックから凝縮したフルーツのフレーバーがあり力強さを感じる一方で、洗練されたフレッシュな酸がワインのなかに溶け込み、絶妙なバランス。艶やかで豊かな質のいいタンニンが高い充実感を与える。ボリューム感のある、飲みごたえのあるヴィンテージ。

2016

CS70%
Me24%
PV6%

中心は濃い色合い、エッジに向かうにつれて明るい紫色になる。まだ若いワインという印象の外観。香りは十分に開いていて、完熟した凝縮感のあるブラックベリーやブラックチェリー、プラムやブルーベリーの優美なアロマに、スイートマジョラムやアニスシードのような甘やかなハーブのアクセントも。驚くほど控えめな木樽の香りがそのフルーツの香りを引き立て、黒い鉛筆やシガーボックスといったクラシカルなカベルネ・ソーヴィニヨン特有のアロマが深みを与える。味わいはゴージャスかつエレガント。口中は完璧に熟した黒いフルーツの甘くジューシーなフレーバーが支配的であり、横へ広がるような豊かさがある一方で、フレッシュで活力ある酸が骨格を作り、味わいをほどよくタイトに引き締めている。密度が非常に高く、無数のタンニンがグリップの効いたテクスチャーを与える。ボルドーらしい威厳さや品格を感じさせる、偉大なワイン。

2011

CS62%
Me32%
PV6%

ダークチェリーレッドの色調。中心からグラスの縁の明るいオレンジ色まで美しいグラデーションが広がる。香りは10年以上の熟成からもたらされるブーケに包まれている。ドライフルーツのダークチェリーやプラム、スモークしたタバコの葉、ドライハーブも感じられて、土っぽい香りがさらに奥行きを生む。飲むと香りと同じく多層的なフレーバーが口中に広がり、伸びやかで持続的な酸が感じられる。そこに磨かれたようなタンニンが溶け込み、スムーズでシルキーなテクスチャー。心地よい調和の取れた味わいでありながら、艶やかなボルドーらしいエレガンスが詰まっている。

2013

CS75%
Me21%
PV4%

全体的に淡いダークチェリーレッドの外観。このヴィンテージらしい軽やかな要素が色からも感じ取れる。香りは穏やかで落ち着きのある印象。ほどよく熟した黒系フルーツ、そこにほんのりと赤系フルーツのラズベリーなども加わり、明るい印象を与える。タバコ、西洋杉、森の下草などのフルーツ以外のニュアンスもあり、それがワインの複雑性を表現している。味わいも香りや外観と同じく穏やかでまとまりや調和があり、親しみやすい。やや繊細で精巧さを感じさせる味わい。爽やかな酸が少しタイトで引き締まったストラクチャーを与え、そこにキメの細かいタンニンが加わる。

Château Lagrange Dégustation

2012

CS67%
Me30%
PV3%

ダークチェリーレッドの深みのある色調。香りも同じくダークチェリーやダークベリー、黒すぐりのアロマに、ローズマリーやタイム、さらには鉛筆の芯や西洋杉を思わせるボルドーのクラシカルな香りが幾重にも感じられて、深みがある。ワインを空気に触れさせるたびにスモーク、土、シガーボックスなどさまざまなディテールが現れる。口に含むと10年以上の熟成を感じさせないほどフレッシュで、活力に満ちた酸もあり、バイタリティあふれる味わい。スマートで緻密なストラクチャーでタイトな印象がありながら、味わいの中盤では熟したフルーツのフレーバーが肉付きのいいボディを与える。余韻も非常に長く、ドライなフィニッシュ。

2010

CS75%
Me25%
PV0%

落ち着いた印象の深みのあるルビーとルージュの外観。香りの印象は滑らかで溶け込んでいる、赤い果実の熟したニュアンス。グラスを回すと清涼感も加わり、松脂を思わせる香りも徐々に見つかるようになる。全体としての香りの量は多いのだが、複雑性はいまの時点では多くは見つけられない。口に含むと外観から予想されていたよりも軽快な印象のアタックに始まり、後味に見られる樽からの甘みを思わせる構成の印象がいままでの年とは少し異なる。少し温度を上げたほうが現時点では香りと味わいのバランスが取れるように感じた。とはいえまだまだ若いのは承知の上のコメントである。

2009

CS73%
Me27%
PV0%

紫がかった、中心部に黒のニュアンスの多い濃縮感のある外観。カフェやモカのローストした香りがまずは感じられ、それに加えて樹皮であったり、少し湿った木質の香りが感じられる。味わいの印象としては、力強く口の中に広く広がっていく性質を持つ滑らかさに加えて、赤い果実味が支え、そこに他の要素が絡んでくるという進行状況。骨格はしっかりとした物で2009年の"長期熟成の期待の出来るヴィンテージの個性"から来る将来性というものがそこにしっかりと存在している。現時点でも滑らかではあるので、デカンタージュをして飲めないことは無いが、やはりここは時間の経過をじっくりと待って欲しい。ワインからの主張に耳を貸すべき。

2010 …… 1983

ソムリエ
佐藤陽一氏
Yoichi Sato

1983年〜2010年のテイスティングは、
日本を代表するソムリエの一人、
佐藤陽一氏(マクシヴァンオーナー)が
2013年に行った。

2006

CS59%
Me41%
PV0%

黒みがかったルビーの色調。中心部にはルージュの色調が支配的。抜栓してすぐには香りの要素は広がりを見せないが、時間の経過とともに赤く熟した果実をすりつぶした要素や樹皮、樽からと思われる木質のニュアンスが広がり、複雑性も現れ出している。口に含むと溶け込んだ滑らかなタンニンの印象が、細かい酸味を伴ってゆっくりと広がってくる心地よいアタックといえる。しかし現時点ではこの豊富なタンニンの個性が飲み込んだ後、余韻にまで長く残るので、ドライな印象の後味となる。アルコールのボリューム感や味わいの濃縮感などで圧倒して来る酒質ではなく、あくまでエレガントであり、酸味の要素も味わいの大きな構成要素を占めるので、デカンタージュしてそれぞれの個性をそろえてサービスを行いたい。

2008

CS72%
Me26%
PV2%

落ち着いた(きらきらと輝き過ぎることの無い)ルージュが主体の外観。もちろん紫の色素量も多い。紫色と黒の混じったカシスやブラックチェリーの皮ごとすりつぶしたような、少し渋みを予想させる香りの第一印象から、時間の経過により樹皮やなめし皮っぽい要素も少し。アタックにはそれぞれは細かいものの、量の多いタンニン分が感じられ、その要素が後味を長く印象付ける構成となっている。ヴィンテージの影響もあるのか、重過ぎない落ち着きのあるワイン。飲み頃には少し時間がかかるタイプのボルドーに仕上がっている。

2005

CS46%
Me45%
PV9%

ガーネットに少しルージュのニュアンス。外観には落ち着きが感じられる。熟した赤い果実味から現れ、そこから少し黒い果実や樽からと思われるモカ、ビターチョコレートなどの香りも広がってくる。香り自体に強さや量もしっかり存在し、バランスが良い。口に含むと滑らかでクラシックな出来栄えの赤ワインとしての旨みがある。ドライで少し乾いた余韻は存在しているものの、口に含んでいる間は滑らかで、落ち着きのあるタンニンや甘みの構成が心地よい。少しポイヤック的な、といって良いものなのか、西洋杉の葉に似た清涼感も同時に現れている。抜栓直後はまじめで、おとなしく、人見知りな印象を受ける事も多いラグランジュであるが、05はまじめさは残したまま人懐っこく、最初から打ち解けたバランスの良い味わいを見せてくれる。

2007

CS68%
Me25%
PV7%
※プリムール時セパージュ

しっかりとした紫の色素を中心にふちに向かって赤色のニュアンスが広がる典型的なボルドー・カラー。清涼感のある香りの印象がまず感じられる。赤い果実味に加えて少しの樹脂っぽさや、木質のニュアンス。口に含むと滑らかで、細かく心地よいタンニンが舌の上を支配してくる。味わいには軽快感があり、酸味、渋みや甘みなどの個々の要素のバランスがとれているため、いまこの時点でも飲めるほど。後味には細かい渋みがやや長めの余韻を残す。

2002

CS54%
Me33%
PV13%

やや透明感の感じられるルージュが主体の色調、全体的に落ち着きが感じられる。カフェ、モカ、チョコレートなどの香りがまず感じられ、時間の経過とともに乾いた赤い小果実や赤身の肉の香りも現れてくる。味わいの印象は、強すぎないアタックに始まり、乾いた赤い果実の印象に加えて、香り同様のカフェやモカなどのローストされた細かい粉っぽい特徴からおいしい苦みへと味わいが広がるのだが、最終的な後味には、酸味や多めのタンニンに負けずに残ってくる果実の甘みと、樽からの要素が抽出されすぎてはいない滑らかな個性とが溶け合った要素が残る。そのためヴィンテージの一般的な評価から受ける予想よりも若々しく、全体としてはまじめな構成としてまとまってくる。20度近いやや高めの温度では、美味しく入れた紅茶の温度が下がった際に現れる、細かいタンニンが表現され、より柔らかく美味しい後味へと変化する。

2004

CS56%
Me34%
PV10%

深みの感じられるルージュ・ガーネット。木質の香りが広がる心地よい落ち着いた香りの第一印象に始まり、黒いゴムや、少しタールのような香りも（あくまで好印象の要素として）少しずつ現れてくる。少しバルサミックや樟脳的なニュアンスも。加えて秋の深まった頃の山の湿った下土や落ち葉にも似た香り。控え目に感じられるアルコールのボリューム感が全体をまとめ、ゆったりとした滑らかなグリセロールが、舌の上の滑りを徐々に滑らかにするため、時間の経過とともにおいしさが分かりやすく現れてくる。デカンタージュを行うのか、もしくは抜栓後30分くらいはセラーに置くなどして、じっくり時間を与えてから飲む作業に移りたい酒質。提供温度が高いと、少し量の多い酸味がある為か、味わいの余韻という部分では“やや短めな印象”を受けるものの、経験豊富なボルドーワイン好きが期待する“熟成したボルドー”の見本的な構成。

2001

CS62%
Me27%
PV11%

落ち着きのあるルージュの外観、縁の部分には少しオレンジのニュアンスも。香りには熟成感が分かりやすく現れており、カシスや紫色の小果実の熟した香りや乾いた香りに始まり、ドライエージングをさせた様な表面が乾いた赤身の肉、に加えて“すいかずら”のような青い香りも混在している。角の取れたおとなしく細かい渋みがまず味わいに感じられ、すりつぶしたカシスやブラックチェリーの果皮を思わせる甘苦みも。全体的に飲みやすくバランスの良いアルコールのボリューム感としては軽めの酒質。余韻の最後にココアパウダーやチョコレートパウダーのような乾いた特徴を残す。細かいけれども、口の中で引っかかることのない好印象な渋みと、細かい酸の溶け込んだ味わいが表現されているので、料理が無くてもワイン単体で飲み続けることのできる酒質。

2003

CS57%
Me33%
PV10%

ルージュを基調に少しオレンジのニュアンスが外観に混ざって、熟成感の現れて来ている落ち着いた印象。外観からのメッセージそのままに時間の経過による熟成の要素が香りに現れ、複雑性があり、鉄の錆びたニュアンスや干し肉、ドライフルーツのいちじくなど乾いた酸化的な特徴が分かりやすく現れてくる。アタックには細かいタンニンが感じられるものの、溶け込んでいるため、口に含んだ中盤からは滑らかさが現れ、後味には赤い果実の酸味とともに長い余韻を形成する。すでに熟成感が支配している酒質ではなく味わいには少しの果実の甘みを伴った若々しさも残っている。ワイン単体で楽しむよりも伴侶としての料理があると、より美味しさを発揮できるタイプの酒質であると言える。

1998

CS65%
Me28%
PV7%

熟成感がグラスの縁に現れているルージュの色調。複雑性のある少し乾いた赤い果実の香りを基本に、少しではあるが、醤油っぽい香ばしい特徴やバルサミコ的なやや甘みを思わせるニュアンスを伴う。口に含むとアタックにも香ばしい特徴がまず感じられ、続いてポイヤックACに良く現れるコーヒーやエスプレッソ、チョコレートパウダーなどのローストされた"焦げたニュアンス"が後味に渋みとして現れる。抜栓後すぐには根菜類(ゴボウ)の味わいも広がるものの、時間の経過とともに穏やかでスムーズな味わいの構成へと変化していく。香りと味わいの中心がしっかりとまとまっている性格を備えている。そのため抜栓後の時間と大ぶりのグラスが必要な酒質。デカンタージュを行うか、もしくはワインの持つペースを考えて飲む必要があるワインである。

2000

CS76%
Me24%
PV0%

落ち着きのあるルージュ、グラスの縁に向かって少しオレンジのニュアンスが現れている。抜栓直後はカシスやブラックチェリーなどの熟した清涼感を伴った甘い香りが中心に感じられ、心地よい。時間の経過とともに、落ち葉や秋の山の下土、表面の乾いた赤身の肉のニュアンス、加えて鉄っぽさ、湿ったレンガなど熟成感のある様々な香りが次々に現れる。味わいのアタックはそれぞれの要素が出すぎる事の無い落ち着いたものだが、細かい酸味が少しずつ支配感を強めてくる。柔らかく上品な細かい渋みが、余韻にまで続く黒系果実の熟成感を際立たせ、美味しく感じさせてくれる構成要素の一つに溶け込んでいる。カフェやエスプレッソの粉っぽい要素に加えて、少しクリームを加えたような滑らかさが感じられ、余韻も長い。全体としてバランスが良く穏やかな出来栄え。ワイン単体でも楽しむことのできる表現力を備えている。

1997

CS50%
Me33%
PV17%

ルージュの色調を基調にした澄んだ外観、縁には熟成感も現れている。香りの表現には、熟成感が抜栓後すぐに感じられ、なめし皮や湿った樹皮、スーボアなど。赤い果実の乾いたニュアンスや、シロップ漬けを思わせる甘い香りも時間とともに広がる。味わいのアタックは、抜栓直後は少し"酸を伴ったわかりやすい渋み"も感じられるが、時間の経過とともに好意的に変化を遂げ、滑らかで穏やかで心地よいものになる。少し人見知りなため、打ち解けわかり合い、そこから美味しさを自然に表してくれるまで時間がかかるタイプ。一人で活躍するというよりも、"牛頬肉の赤ワイン煮込み"や"鴨の胸肉の少しスパイシーなソース"など、料理と合わせることでこのワインの持つ良さがより発揮できる酒質。

1999

CS58%
Me25%
PV17%

澄んだ色調のルージュ、輝きも十分に感じられる。赤い小果実や、緑色の杉の葉に似た清涼感のある香り。全体的な強さは感じられないものの時間の経過とともにコワントローに似たオレンジの皮の香りや柿の香りも現れる。アタックは滑らかで、上品な細かい酸味が味わいに広がり、赤い小果実のシロップ漬けの甘みも引き出しながら、やや金属的な銅にも似たニュアンスを残しつつ細かく乾いた後味へと続いていく。口中には常に細かい酸味が存在感を表すため、あまり重すぎない酒質に感じられる。もう少し時間をかけて熟成感がしっかりと出るまで待ってあげた方がこの99ヴィンテージの印象は良くなるかも。現時点では少し閉じた印象を最後まで感じた。

1994

CS60%
Me31%
PV9%

赤みを帯びた落ち着いた外観のガーネットの色調。なめし皮や秋の山の落ち葉を思わせる心地よい熟成香が支配的。チョコレートやカカオ、少し黒いゴムの香りもあり、全体の印象をまとめる。味わいは少し乾いたタンニンが感じられ、熟成したボルドーの個性として心地よいアタックに始まり、深煎りのエスプレッソやココアパウダーのような要素がまずは広がってくる。舌の両側からじわじわと現れる酸味は細かく、ドライフルーツのような味わいがあり、余韻には乾いた印象を多く残す。穏やかで熟成感のあるまとまった酒質にはソース・ペリグーやポート酒を使ったソースなどの甘みを補う食事と楽しみたいもの。

1996

CS57%
Me36%
PV7%

オレンジ色がかった、熟成感の表現されている外観。赤い果実と細かい酸味を思わせる香りのアタック。少しドライないちじくやシナモン系の香り、オリエンタル・スパイスなど、外観から受ける印象そのままに熟成感を伴った香りが続く。味わいのアタックには少し黒糖系の甘みが多く感じられ、細かい酸味や渋みとの組み合わせのバランスが良く好印象。抜栓直後は少し地味なスタートであるが、時間の経過とともに香りの強さや味わいのバランスといった個性が分かりやすくなる。サービスには少し時間をかけたい酒質であり、デカンタージュを早めに行い、さらにブルゴーニュタイプの大きめの丸みを帯びたグラスを使用したりと、広めの空間を与えてあげる事が、このヴィンテージをより分かりやすく表現するはず。

1993

CS49%
Me38%
PV13%

落ち着いた印象の、輝きを持つ赤みを帯びたガーネット。黒い色素は多くは感じられない。かなり乾いた状態のドライトマトの持つ香りの印象から始まるが、しだいに針葉樹的な清涼感や湿った樹皮のニュアンス。赤い果実のシロップ漬けのような甘い香りも存在していることに少し驚く。

口に含むと細かく数の多いタンニン分が唾液と結びついて口の中を乾かしてしまうような、少し引き締まった木質の味わい。余韻に茶渋のような細かいけれども角の取れている渋みが後味を引き締める。抜栓後すぐにはやりたい事が見えてこず、おとなしく静かで目立った行動は起こさないタイプのワインに見えるのだが、実際には黙々と自分自身のペースを守って、少しずつ酸味であったり、細かい渋みであったりと個性を考えながら順番に出してくるタイプのワイン。噛みしめる時間の長いジビエや赤身の肉料理をゆっくりと楽しもうというときに。

1995

CS44%
Me43%
PV13%

深みと落ち着きのあるガーネットを基調に、緑の部分にはオレンジ色の熟成感が現れている。香りには複雑性が現れており、紫色の果実のドライなニュアンス、赤身肉を干したような香り、熟したいちじくのピューレに加えて、シナモンや丁子のようなエピス・ドゥースと呼ばれる甘みを帯びたスパイスなどが混ざり合う。味わいのアタックには樹脂っぽさが感じられ、滑らかで心地よい。続いて樽からの細かい渋みや熟した赤い果実味、タンニンはもちろん感じられるものの上質の心地よいタイプで、チョコレートの溶ける際の甘みと苦みが同時に現れるような性質を備えている。後味に残るタンニンは渇き気味ではあるが、余韻は長くロースト系の味わいを印象付ける。

1990

CS44%
Me44%
PV12%

赤みを帯びた滑らかな粘性を見せる淡いガーネットの外観。黒い湿った土、スーボア、赤身の肉、樽から来る要素が溶け込んだことによって感じられる様々な要素などボルドーらしい香りに溢れている。松脂に似た樹脂っぽさも感じられる複雑性のある香りの構成。シナモンや丁子に似たオリエンタル・エピス。アタックは滑らかで、穏やかな酸味と渋みのニュアンスはお互いに溶け込んでいてバランスとしてまとまっている。カフェ、モカ、ショコラなどのローストされた個性が舌の上に穏やかに現れる。余韻にも粉っぽい甘みが現れるが、力強さや持続力を競うものではなく、上質でエレガント。頻繁に使用する単語ではないが"シルクのような舌触り"といっても過言ではない。シンプルな赤身の肉料理に合わせて楽しみたい酒質となってきている。

1992

CS50%
Me35%
PV15%

落ち着いた色調のオレンジ色がかった淡いガーネットの色調。力強いタイプではないが、香りには複雑性があり、落ち葉や湿った樹皮、甘みを思わせるオリエンタルなスパイス、少し乾いた赤身の肉などが強く主張せずまとまって現れてくる。味わいには熟成感がしっかりと感じられ穏やかでありながら細かいタンニンが主張する。すこし金属的なニュアンス、更にバルサミコ的な、乾燥キノコの戻し汁のような旨み成分が多く感じられる味わいが特徴的。穏やかで優しい味わいと余韻。長期熟成によって得る事の出来た味わいに穏やかな旨みのにじみ出てくるタイプ。

山のハードタイプのチーズやクルミと合わせて楽しみたい。

1989

CS55%
Me45%
PV0%

少しレンガ色のニュアンスを縁に帯びている淡いルージュの色調。香りは赤い果実のドライなニュアンスとジャムっぽい甘みを連想させ、それらの要素が混ざり合う心地よい構成。更に湿った落ち葉や熟成させた赤身の肉の持つ少しナッツの様な香りも立ち上る。樹皮、スーボアのニュアンス。オリエンタルなエピスの香りや乾燥させたシャンピニオンの特徴も。口に含むと優しい酸味が甘みを引き出し、香りの印象から想像していたよりも全体的に優しくそして甘い。抜栓後の味わいの変化（劣化）が少なく、かなりの時間その緊張感や質感を保ち続ける事のできる酒質。熟成の要素は多いのだがまだまだ体力が残ってはいるタイプ。

1991

CS45%
Me45%
PV10%

落ち着いた色調のルージュ。熟成を表すオレンジのニュアンスもわかりやすく全体に現れている。

レンガ色まではっきりと出ていないが、銅色のニュアンスは色調の構成要素として大きく影響を及ぼしている。滑らかでまとまったやや控えめな香りのアタック。湿った落ち葉、スーボアや少し黒トリュフのニュアンスを伴いながらも木質の甘い香りも感じられる。味わいは外観や香りから受ける印象そのままに落ち着いて熟成感の感じられるもの。抜栓直後は少し金属的であったり、乾いた渋みであったりと、スタート時点ではばらばらに始まるのだが、時間の経過とともに一つの方向に向かってまとまりを見せ始め、ココアやチョコレートパウダーのような乾いた甘みが広がり、黒糖のニュアンスも少しずつ表現されてくるようになる。

1986

CS57%
Me43%
PV0%

熟成感は感じられるのだが、深みのあるガーネットで黒紫の色素が、まだ多くその外観に見て取れる。複雑性のある香りがとても分かりやすく最初から現れ、シャンピニオンやチーズの外側を思わせる乳酸系の旨みを想像させるニュアンス、森の湿った下土、血、鉄分、ジビエの肉等。味わいには甘みを帯びたオリエンタルスパイスの特徴が感じられ、全体としては細かい酸味が味わいの中心にあり続けるもの。他のヴィンテージに比べると香りや味わいにおいて熟成感が分かりやすく、多く現れている。やや低めの温度帯で、上質の生ハムや、コンテなどのチーズとともに細かい酸味を伴った余韻を楽しみたい。

1988

CS59%
Me41%
PV0%

オレンジ色がかった淡い色調のルージュ。熟成感がはっきりと見て取れる色調の構成。乾いた赤いチェリーの果実の香りに加えて木質のニュアンス、シナモンや丁子などのスパイス、バルサミコ的な甘くそして熟した果実やコンポートの要素を多く感じる事が出来、それらの要素がうまく混じり合っている。口に含むと甘みの感じられる心地よいアタック。湿った落ち葉や、赤身の熟成肉のもつ特徴、乾燥させたセップ茸の戻し汁や挽き立ての鰹節を口に含んだ際に感じられるような、心地よい旨みが多く、それがそのまま全体の余韻の構成要素として長く続いていく。

このワインも熟成年月を経ていながらもGras(ゆったりとした、脂分を失ってはいない質感＝乾いていない)であると言えるので、抜栓後の変化が穏やかでゆったりとしている。

1985

CS57%
Me43%
PV0%

オレンジ色を多く表している淡いガーネット、一目で見てとれる熟成感を表している外観。香りの最初になめし皮や湿った樹皮、更にはクレームブリュレやカラメルなどの甘みを伴ったローストの香りが分かりやすく現れ、そこから根菜や高麗人参にも似た漢方系の香りも次第に少しずつ育ってくる。味わいのアタックは滑らかでいちじくのコンポートや冷めた紅茶的な細かい渋みが支配的に広がり、そこから更に少しずつ赤身の肉の血や、錆びた鉄分などの要素が広がってくる。味わい全体の要素がそれぞれに溶け込みまとまりを見せる。穏やかで静かな酒質。寒い季節にゆっくりと飲みたい。

1987

CS56%
Me44%
PV0%

熟成感がはっきりと現れ、グラスの縁に向かってレンガ色のニュアンスの多い淡いガーネットの色調。抜栓直後から複雑性のある香りが分かりやすく立ち上がる、湿ったクヌギの木の樹皮や鉄さび、ジビエの肉の香り。湿った土や少し腐葉土のニュアンスも。更にヨードやバルサミコなど。口に含むとアタックは滑らかで、細かく穏やかだが数の多いタンニンが少しずつ口の中を支配してくるのだが、時間の経過とともに、また温度が上がってくるにつれ細かい渋みが気にならなくなる。時間がたちワインのコンディションが落ち着いてくるにつれて、滑らかさが全体の印象をまとめ、酸味が少し感じられたり、渋みが味わいの最後に少し顔をのぞかせたりと、ワイン自身の細かい変化が常にある為に飲み飽きることが無い。最近ではなかなか見つけられなくなってしまったがクラシックなボルドーがゆっくりと熟成した際に見せてくれる典型的な味わい。

Château Lagrange Dégustation

1984

CS82%
Me18%
PV0%

熟成感をはっきりと表すオレンジ色やレンガ色の特徴の良く現れた淡いガーネット。多くの要素が溶け込んでいる香りのアタック。少しずつほどいて行くと、オリエンタル・スパイス、湿った落ち葉やスーボア、鉄さび、ドライではあるが完全に乾いていないいちじく、ドライセップ茸の戻し汁などが感じられる。味わいには細かい酸味はあるものの、穏やかでまとまっており心地よい。味わいは柔らかく丸く、まるで熟成したブルゴーニュのように渋みも穏やか。現時点ですでに29年たっているとは思えないほど、味わいの余韻には乾ききってはいない甘みをかすかに伴った黒い果実のニュアンスもあり好印象で終わる。

1983

※セパージュ記録なし

淡いルージュにレンガ色のニュアンスも混ざる色素量の控えめな外観。香りの強さは控えめではあるが、横並び的に種類は多く立ち上り、ドライフルーツのいちじくや赤いチェリー、オリエンタル・スパイスや鉄さび、銅などの金属的なニュアンス、漢方系の根菜類の香りも。滑らかなアタックに始まり、徐々にローストされたコーヒーの様な香ばしさが現れ、この特徴的な味わいが後味の最後にまで長く残る。乾いていて軽い酒質、ボルドーと言うよりはブルゴーニュ的な優しく軽い味わい。

〈スペシャルインタビュー〉

シャトーラグランジュが目指す未来

サントリーホールディングス
代表取締役副社長　鳥井信宏

買収後四〇年を迎え、オーナーとしてラグランジュが目指す未来とは。現地で鳥井信宏が語った。

二〇二三年六月二三日、サントリーの経営参画から四〇年の節目を迎えたシャトーラグランジュでは、地元の関係者を招いて「感謝の会」が催された。和やかな午後のひとときを楽しんだ招待客は、会を主催した鳥井信宏に見送られて、笑顔で帰路へとついた。濃密な一日を終えた鳥井は、宴の熱気を冷ますように静かな樽熟庫へと足を運ぶ。数千丁のワイン樽がときを重ねるこの特別な場所で、鳥井は改めてラグランジュへの想いを語った。

「今日の『感謝の会』では、ボルドーの皆さんが我々を温かく受け入れ、仲間として認めてくださっていることを実感しました。四〇年前、遠く日本から来た我々にグランクリュ・シャトーの経営を任せてくれたフランスの方々の寛大さに、心から感謝したいと思います。ボルドー・ワインの伝統と文化を守りながら『最高品質のワインをつくる』ことが我々の使命と信じて、ただまっすぐに取り組んできました。そうして四〇年が経ち、いまのラグランジュの姿を皆さんが心から喜んでくださっている。それが何よりも嬉しいことでした」

鳥井がラグランジュを初めて訪れたのは一九八七年の夏、まだ大学生のときのことだ。一面のぶどう畑に囲まれたシャトーの静かな佇まいに心を動かされたその日の情景は、

いまでも鮮明に覚えている。それ以降は年に一〜二度は訪れる、鳥井にとって大切な場所となった。そのラグランジュが、今回の感謝の会を終えた後にはいっそう輝きを増して感じられたという。

「ワイン事業はサントリーにとって祖業と言える大切なものです。創業者であり、私の曾祖父でもある鳥井信治郎は、日本人の味覚に合うぶどう酒を生み出そうと一九〇七年に『赤玉ポートワイン』を発売して成功を収め、そこから会社の営みが始まりました。メーカーとして本格的なワインをつくることは、創業者の代からひとつの目標だったのです。そのような背景もあり、ボルドーの地で運命のように出会い、かつての栄光を取り戻したラグランジュは、我々にとってまるで宝石のような特別な存在です」

ラグランジュ買収当時、社長の佐治敬三は「最高品質のワインをつくる」という強い決意と、世界最高峰のワイン産地への揺るぎない敬意を胸に、シャトーの経営にあたった。荒廃していたぶどう畑の改植や醸造設備の刷新に理解を示し、地元の人々が驚くほどの規模で惜しみなく改修投資を行った。また歴代の現場スタッフも、メドックのグランクリュ第三級というぶどう畑のポテンシャルを信じて、辛抱強く荒廃したシャトーの再建にあたったのだ。

「めざましい成果を一朝一夕に上げることなどできません。ラグランジュにおいても我々の努力に品質が伴うまでには長い時間がかかりました。それでも佐治敬三は、次世代のために一〇〇年先を見据えてこのシャトーを大切にしていけば、必ずや素晴らしいものになると、常々話していました。その信念のもと、ぶれずにワインをつくり続けた結果、ラグランジュはテロワールの真の力を引き出すことに成功したのです。それはも

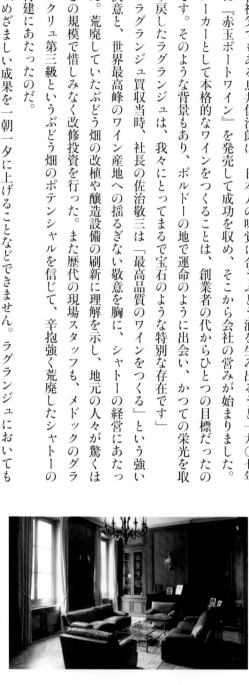

のづくりの基本姿勢である『クオリティファースト』のひとつの形とも言えます。品質にとって大切なことは嘘をつかず、正直に、きちんとまっとうにやり続けることです」

ワインづくりは原料となるぶどうづくりから始まる、いわば農業だ。農業は自然との共生でもあり、それもまたサントリーの主要な経営テーマのひとつである。「地球温暖化に伴う気候変動が問題視されるなか、サステナビリティも今後ますます重要な価値観になっていくでしょう。そういった社会や環境の変化もすべて受け入れつつ、これからも高品質の製品をつくり続けていく責任が我々にはあります。それを思えば、まだたったの四〇年です。これからも『へこたれず、あきらめず、しつこく』品質を磨き続け、お客様からその品質に見合った評価をいただけるようにいっそう精進しなければなりません」

現在、サントリーグループは、海外事業の領域をさらに拡大し、グローバルなつながりがますます重要となっている。いまから四〇年前に、この東西の文化融合の先駆けとなったのが、他でもないラグランジュであった。東西文化がひとつにまとまるためには、異文化を受け入れ、互いの価値観を尊重し、支え合って成長していくことが不可欠だ。「我々がベストを尽くすことによって、ラグランジュのみならずボルドーというワイン産地全体、さらにはワインそのものの価値を引き上げていくことが大切です。その気概を持って、ラグランジュは今後も品質のさらなる高みを目指していきます」

サントリーがシャトー ラグランジュのオーナーになってようやく四〇年。その土地に根ざし、理想を追い求めるワインづくりの道程は遠く、果てしないものだ。鳥井の眼差しは、ラグランジュと歩み続けるはるか先の未来へと向けられている。

◆編集協力
鳥海美奈子　岩田 渉
野地秩嘉　鹿野真砂美　佐藤陽一
「ラグランジュ物語」制作プロジェクト

◆撮影
小林秀銀　武田正彦　村松史郎　ジャン・クリストフ
潮上史生　相澤理丞　新潮社写真部

◆地図製作
アトリエ・プラン（網谷貴博）

◆ブック・デザイン
ベター・デイズ（大久保裕文　村上知子）

新《しん》版《ぱん》
シャトーラグランジュ物《もの》語《がたり》
人《ひと》とテロワールが育《はぐく》んだ40年

著者◆　「ラグランジュ物語《ものがたり》」制作《せいさく》プロジェクト
発行日◆　2023年12月15日
発行◆　株式会社 新潮社 図書編集室
発売◆　株式会社 新潮社
〒162-8711 東京都新宿区矢来町71
電話 03-3266-7124
印刷所◆　大日本印刷株式会社
製本所◆　加藤製本株式会社

ISBN978-4-10-910267-4 C0095